Bian Zhu
Wu Pengcheng

武鹏程 ◎ 编著

SHEN HAI QI GUAN

绝美
深海奇观

非凡
海洋

Fei Fan Hai
Yang

海洋出版社
北京

图书在版编目(CIP)数据

绝美深海奇观 / 武鹏程编著. —— 北京：海洋出版

社，2025. 1. —— ISBN 978-7-5210-1330-6

Ⅰ. P72-49

中国国家版本馆CIP数据核字第2024NT7119号

非凡海洋大系

绝美深海
奇观

JUEMEI SHENHAI QIGUAN

总 策 划：刘 斌

责任编辑：刘 斌

责任印制：安 淼

排　　版：申 彪

出版发行：海洋出版社

地　　址：北京市海淀区大慧寺路8号
　　　　　100081

经　　销：新华书店

发 行 部：(010) 62100090

总 编 室：(010) 62100034

网　　址：www.oceanpress.com.cn

承　　印：保定市铭泰达印刷有限公司

版　　次：2025年1月第1版
　　　　　2025年1月第1次印刷

开　　本：787mm×1092mm　　1/16

印　　张：11.5

字　　数：288千字

定　　价：68.00元

本书如有印、装质量问题可与发行部调换

前　言

　　海洋是个宝库，是拥有最多秘密的所在，由于海底缺乏光源的照明，这里一直吸引着人们的目光，引发了许多的猜测，因此有关海底的新发现总是不断出现。

　　深海的精彩，远远超出人类的想象。这里不仅有五彩缤纷、光怪陆离的生物，也有埋藏在海底世界的高山峻岭，它们的高度使喜马拉雅山脉上的各大高峰都相形见绌。海底"瀑布"也远远大于陆地上首屈一指的尼亚加拉大瀑布；海底深处火山喷发的频率也要远远高于陆地表面上的任何一处火山……地球可以说是一个被海洋所包裹的球体，在海洋世界中还生活着奇奇怪怪的深海生物，它们或是没吃没喝可以活上万年的细菌；或是练就"隐身术"的鱼类。在它们的旁边，还埋藏着古代文明遗留的痕迹，或是无法想象的奇特建筑，或是堆金积玉的惊天财富。对于这样一个巨大的海底宝库，生物学家为之着迷，考古学家为之疯狂。

　　本书选取大量深海的遗迹、矿产、生物及人类的伟大建筑进行介绍，用真实的照片，详述一个个深海故事。随着人类对深海探索的不断深入，我们期待着更多关于深海的秘密被挖掘，也期待着海洋能更深入地走进我们的生活。

目　录

深海遗迹 >>>

海底矿产与地貌 ⬩⬩⬩

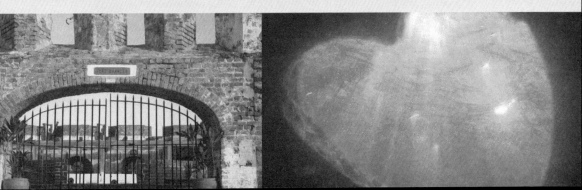

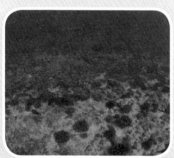

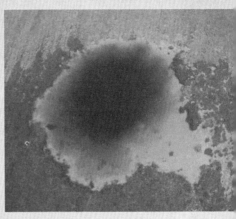

海底现代建筑 >>>>

深海生物 >>>>

Deep Sea Relics

1 | 深海遗迹

海底农业生产革命遗址

亚特利特雅姆古村落

以色列海法附近的地中海海底静静地浸泡着一个大约9000年前的人类所居住的村落，这里奇特又神秘。

所在地：以色列地中海
海域

特　点：被淹没了长达
9000年的水下
村，保留着人类
骨架以及粮仓
中大量的象鼻
虫等遗骨，还有
不知何意的巨
石圆圈

[亚特利特雅姆村院落]

在以色列海法市附近的地中海海域，距离岸边大约1000米的位置，那里沉没着一个古老的村庄——亚特利特雅姆古村落。

亚特利特雅姆为何是古村落

亚特利特雅姆古村落在1984年被海洋考古学家胡德·加利利首次发现，他指出，之所以称其为村，而不是城或镇，是因为那里没有规划完整的街道，而是保存着人们居住过的大型石头房屋，房屋中有铺砌的地板，家中有庭院、壁炉及存储设施。

亚特利特雅姆村里有什么

根据专家的推断，该村落大约是古人类文明遗址，

[亚特利特雅姆古村落]

面积约 4 万平方米，从形成时间上看，它是目前已发现的人类最早的居住点。

在公元前 7000 年，当时的人类已经学会了种植小麦、大麦、扁豆和亚麻等农作物。大量的象鼻虫躲在村庄的粮仓中，当时的人们正经历人类历史上最伟大的一次革命。

在渔业方面，他们已经学会了使用鱼钩，而且从鱼骨分析可以看出，他们还会存储鱼类并进行交易。他们不仅仅会使用鱼钩钓鱼，还会潜入水中捕捞。因为考古学家在对一些坟墓中的男性骨骼进行分析后发现，这些男性村民都由于长期在冰冷的水中潜水而使耳部受损。

[亚特利特雅姆村的祭祀台]
有点像英国巨石阵的平台。由石板组成，并刻有标记。

从动物的遗骨看，亚特利特雅姆村民不仅仅会捕猎野生动物，同时还会畜养绵羊、山羊、猪、狗和牛等家畜。

亚特利特雅姆村的祭祀地

在亚特利特雅姆村里，不仅有人类和动物的遗骸，还完整地保留着当时人们的祭祀场所。

在村落中，最奇怪的事物就是那个由 7 块 600 多千克重的巨石组成的圆圈。这个石圈和英国的巨石阵有些相似，但规模较小。石圈中间有一个淡水喷泉。在附近一些石板上有一个个水杯状的标记。考古学家们认为，这个怪石圈可能是用于求水仪式。

或是由于最后一个冰河时期结束，海平面持续升高，亚特利特雅姆村最终被海水所侵蚀并淹没，人类被迫放弃他们的家园，经过长达 9000 年的浸泡，亚特利特雅姆村为如今的我们探寻曾经的历史留下了许多宝贵的资料。

你知道吗？以色列 2/3 的国土是戈壁和荒漠，年降水量北部地区 70 毫米，南部只有 20 毫米，最南部的沙漠地带干脆常年无雨，而蒸发量却大得惊人，水资源奇缺。

不可思议的"天然之城"

日本与那国岛水下古城

这是个因潜水导游意外发现而出世的古代废墟，经考古专家鉴定，它是一个大约一万年前陆沉的先进都市。随后这个本来籍籍无名的日本外岛聚焦了全球的目光，成为考古学上一个光芒四射的地方。

所在地：与那国岛海底
特　点：据称该处海底金字塔或是解开"消失的 MU 大陆及 MU 文明"的关键

与那国岛位于琉球群岛的八重山群岛中，距离日本九州鹿儿岛县 400 多千米，距离中国台湾南方澳仅 110 千米。该岛在 16 世纪由琉球王国统治，人口虽少，却有自己的语言，直到 19 世纪日本入侵琉球，才被并入日本。这本是一个籍籍无名的小岛，却因一次意外的发现而名声大噪。

发现古城遗迹

20 多年前，潜水导游新嵩喜八郎带领他的客户在做着水底探险，或许是当天光线良好，水下视线很好，导游惊奇地发现了位于那国岛水下的一处古代遗址。随后，闻讯而来的考古学家便对此处进行了深入的考查勘测。但是无数疑问使专家陷入了巨大的谜团之中。这是因为，这座古城巨石底部有雕刻的痕迹，但所用的工具并不属于日本远古文明的一部分。

随后人们不断在这片海域中发现了无数让人觉得匪夷所思的石质建材，如巨型石块、石柱、大型阶梯建筑、经过打磨的梯级、运河、洞穴和雕刻等文明产物。

不可思议的古城建筑

经过专家的研究发现，该遗址包括与那国岛附近的 10 座建筑以及冲绳主岛附近 5 座相关建筑，有一座城堡、一个凯旋门、5 座寺庙和至少一个大型体育场等。有道

[与那国岛]

与那国岛的海底遗迹包括上一个冰河时期陆生动植物和钟乳石的遗迹。这些证据暗示海底的建筑遗迹可能有 3000 ~ 10000 年的历史，是世界上最古老的遗迹。

路将这些建筑连成一片，散落的巨石遗迹可能是围墙。

最不可思议的是，其中一座建筑遗迹有很多与别的建筑不同的特征。首先，那些经过加工的石块都非常巨大，而且排列得很集中。这些巨石形成一幢巨大的阶梯形建筑，外形有点像金字塔，最大的石块长250米，高25米；其斜坡般的外墙，加上大角度的脚踏，令人推测那是一个供人膜拜的场所。另外，在大堆石雕之中屹立着一块形态独特的巨石，该石约7米高，外形像一张男性面孔，上面刻有很多眼睛。人头雕像虽然经过了漫长的岁月，但由于有高技术的海底摄影，其脸孔五官仍清晰可辨。

深海遗迹

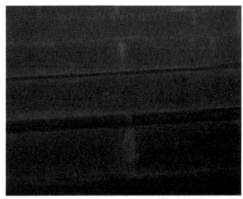

在不远的海床上，还发现一块刻有巨龟的巨石。这巨龟石就是日本家喻户晓的神话——蒲岛太郎故事里的巨龟。在那个寓言中，心性善良的年轻渔夫拯救了大海龟，获邀畅游奇异魔幻的海底王国。

或是 MU 大陆及 MU 文明的产物

所谓"MU文明"，是由20世纪初美国学者詹姆斯·柴吉吾德提出的所谓的"消失的MU大陆"而来。根据他的说法，史前的太平洋全域，包括日本、冲绳及我国台湾等都还是整片相连的大陆，在这一块比南美洲大陆还大的土地上，曾有过高度发达的"MU文明"。

或许是为了证明该理论，人们在位于与那国岛东南

[水下古城城墙与巨型条石]

巨大的石壁到底是自然形成的还是人工雕塑呢？有学者认为，从其巨大的身形来看，只有大自然的鬼斧神工才能完成这样的巨作；但从图中可以看到石壁有明显平滑方正的直角岩壁和阶梯状层次感的道路，根据专家所制成的平面图来看，上面还显现出通道、门，都可以判断为人类生活所留下的痕迹。

[琉球大学－神秘大陆假说]

此假说为琉球大学的木村政昭教授，经过多次亲抵遗迹调查所得出的结果。他表示，这里与古代文明的遗迹的地形非常相似，有很大可能是迷失大陆的一部分残片。根据海底遗迹的构造和石块的切割技术来看，让人很容易联想到金字塔和留下无数悬念和传说的亚特兰蒂斯。

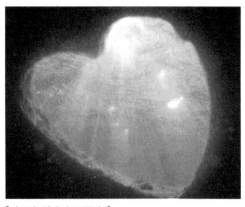

[水下探险之心形洞穴]

为了开发旅游，与那国岛有水下潜水探险项目，如太阳石、龟形石、心形洞穴等，满足旅客的好奇心。

海岸的"立神岩"也有了惊人的新发现。立神岩自古以来就是当地居民的祭拜对象。在传说中，古时有一位青年坐在立神岩上，突然海上风浪汹涌而来，当人与石都即将没入海中时，青年开始在岩上闭目虔诚祈祷，他睁开眼睛时发觉已坐在陆地上安全的地方。立神岩因此成为岛上的守护象征，附近的海域因此也成为神灵出没的"神圣海域"。奇妙的是，琉球大学海底调查队曾于立神岩正下方发现了高达数米的人头雕像，以及明显的人工雕琢痕迹的石砌，甚至还有象形文字。这个新的发现，不但与美国学者詹姆斯·柴吉吾德提出的"MU大陆"不谋而合，而且也显示当地传说所暗示的万年前"地层下陷"的事实。依据调查队的整理分析，那些象形文字与古代与那国岛流传的象形文字很相似，只要解得出象形文字的意思，"消失的MU大陆及MU文明"可能就这样出土了！

除此之外，科学家还发现了一些钟乳石，从它的年代推断，遗址的历史至少可追溯至距今5000年前。迄今为止，科学家尚未发现这处海底遗迹与人类活动有关的更直接的证据。科学家们说："陶器和木头不能在海底长久保存，但有一处涂了颜料的类似母牛的浮雕让我们很感兴趣，我们将进行深入研究，确定颜料的构成。"或许在不久的将来，颜料会成为解开历史谜团的钥匙。

历史文化 "黄金城"

坎贝湾水下古城

印度传说中的奎师那的王国——杜瓦尔卡就是被洪水淹没的，当坎贝湾海底发现两座古城遗址时，科学家们就为了那个传说中的王国而疯狂起来。

在距海岸 40 千米、深 36 米的坎贝湾海底，印度科学家发现了两座古城遗址。这两座城市有曼哈顿大小，拥有宏伟的城墙和广场。经检测，古城已有 9500 年的历史，城中出土的工艺品中有一件所处的年代居然是公元前 7500 年，比美索不达米亚和埃及最古老的物品还要早 4500 年。

所在地： 印度坎贝湾海底

特　点： 海底古城很可能是失落于冰河时代末期的古代文明，也就是大洪水传说中发达的史前文明之一……

令人失望的海底遗址搜寻

得知发现水下古城后，3 位科学家顺着海底的山脉潜水下行，到达地图上所显示的杜瓦尔卡城时，横亘在他们眼前的却只是一些巨大的石块，他们立刻展开勘测，

[坎贝湾水下古城遗迹]

坎贝湾现介于德干半岛与卡提阿瓦半岛之间，宽 25～200 千米，长 210 千米。湾头有马希河与萨巴尔马蒂河，并形成众多岔流。东岸有纳巴达河与达布蒂河注入。各河携带大量泥沙，致使海湾淤浅。沿岸为冲积层和风积层共同构成的海岸平原。

印度河谷文明，也称为哈拉帕文明或莫亚文明，是古代印度次大陆上最早的文明之一，起源于公元前约3300年，持续发展至公元前1300年。文明起源自印度河和兰布河流域，具有城市规划、农业技术、文字系统和宗教实践等成就。其衰落原因不明，可能由于气候变化、自然灾害、社会动荡或入侵引起。

但石块上并没有人工切割的痕迹，也就无法确定这些石块是天然形成的，还是人工所为。唯一可以确定出自人工制造的物件，是一些长满了水草的巨大石锚。除此之外，他们没有发现其他任何能够证明该处遗址就是传说中的杜瓦尔卡古城的有力证据。

怀揣失望的心情上岸后，他们仔细分析了考察结果，最后一致认为，这处遗址非常浅，距海岸又十分近，近期的地震也可能使它沉没。而且他们所发现的石锚也是公元8—14世纪由印度人制造的，这说明该处遗址很可能是在8—14世纪沉没的，它并非史前文明遗址。

现代科学研究证明，古老的印度海岸在历史上也曾不断地遭到洪水侵袭。在大洪水发生之前，这里曾经是一片广袤的土地，但现在的海岸线已向内陆扩张了50千米。那么，在这50千米的海域之下是否隐藏着一个或几个古老文明呢？或者，答案就隐藏在远离海岸的地方，在海洋的更深处？无数的问号涌入研究人员的脑海，使他们陷入了长久的沉思。

谜一样的印度河谷文明

在印度，传说中的奎师那的王国——杜瓦尔卡就是被洪水淹没的，奎师那是印度教最受人崇敬的诸神之首，之所以怀疑是水下古城，是因为传说中为了纪念这位神明和他的王国，人们在印度古吉拉特半岛上，修建了散发着浓郁东方气息的杜瓦尔卡城，城中有一座气势恢宏的神庙，供奉着奎师那。经过水下勘测，古城并不是杜瓦尔卡城，随后印度当地科考人员又想起另一个关于苦行僧"摩奴"的传说。

在印度教中，摩奴是"人类的始祖"。传说中，洪水来临前，摩奴也建造了一艘大船，他把种子放在船上，然后随水漂泊，最后停留在一座山顶上。令人感到惊讶的是，摩奴和《圣经》中的诺亚有着惊人相似的经历。

这个传说是真实的吗？带着疑问，科考人员向研究

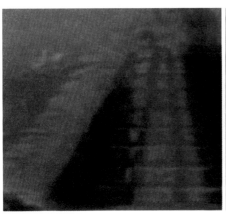
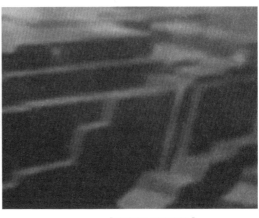

海平面上升情况的专家请教，在 1.1 万年前的印度大陆的西北部，许多现在是海洋的地方那时都是陆地，现在的大陆架当时都暴露在外；而 1.35 万年前，印度大陆的海岸发生了巨大变化，原来靠近海岸的大片陆地消失了，在印度西海岸附近仅剩下一个岛屿；随着时间的推移，坎贝湾里的海水越来越多，800 年前，坎贝湾已经完全被淹没。

听到这里，人们不觉想起这些被洪水淹没的地区，与神秘古老的印度河谷文明近在咫尺。

柳暗花明

正当科考人员一筹莫展时，印度海洋研究院的专家又发现了一处神秘遗址。该遗址位于普姆帕，距海岸线4.8 千米，掩埋在 20 多米深的海水之中。

印度海洋研究院的专家介绍，这处遗址是约 1.1 万年前因为海平面上升而沉没的。虽然考古学家普遍认为，当时的人们还没有能力建造如此大型的建筑。为了一探究竟，经过充分准备后，他们再次潜入水下，很快看到了遗址的轮廓。整个遗址至少有 40 米长，呈古怪的 "U"字形。虽然他们难以置信，但 1.1 万年前的如此大规模的建筑就呈现在眼前，于是他们不得不承认曾经居住在其中的人类应该拥有非常先进的技术。

科考人员继续搜寻，当他们下潜到 22 米的深度时，

【坎贝湾水下遗址】

经过探索，科考人员将潜水录像制成电脑模拟图，根据模拟图，专家推测，U 形建筑应该是为举行宗教仪式而修建的围栏，在 U 形建筑的北边和南边应该还有 3 个或 4 个建筑群，当地居民在潜水时也纷纷表示海底或还有其他建筑物。

由于印度洋的水温较高，容易滋生海底微生物，所以海水比较浑浊，能见度已经非常低，这给他们的考古工作的准确性带来了一点难度。在接近遗址之前，他们首先来到一面两人高的陡峭石壁前，石壁矗立在海水之中，和这里的自然环境格格不入，显得十分突兀。

顺着旁边被海草覆盖的海底小路，他们最终潜到了遗址中。他们发现了许多半裸的砖块。而且建筑上的每一处几乎都挂着渔网，渔网随海水的波动而摇摆，在阴森的海底显得非常怪异。接着，他们发现了一堵石墙，尽管上面长满了水草，但还是能够清晰地辨认出石块的

"摩奴"是印度神话中的人类始祖。在《梨俱吠陀》中，摩奴是第一位祭献者，也是第一位国王。他作为人类始祖，与希伯来传说中的诺亚几乎具有完全相同的特征。《吠陀经》又称《摩奴法典》，相传为摩奴所编，故名。

排列层次。毫无疑问这是人造建筑。不过，目前却只发现了一座 U 形建筑。一旦其他几个建筑群被找到，将它们联系起来，绘制成完整的电脑显示图，就会有更惊人的发现。而这个发现也一定会对研究神秘的印度文明起源有着巨大的帮助。

如今，科学家和考古学家还在探索不断出现的遗迹，或许在不久的将来揭开谜题的时候，会是一个令人惊掉下巴的发现。

见证希腊高超技艺
海底铜头盔

千百年来，人们始终坚信在某些神秘的海底隐藏着远古人类城市。如今它们或许已是废墟一片，但是这些废墟中肯定仍蕴藏着大量的人类历史信息。

一艘荷兰清淤船曾在以色列海法港海域的海床上发现了一顶古希腊士兵使用的铜头盔，其年代可追溯到公元前5、6世纪。头盔表层贴有金箔并带有装饰，是迄今为止发现的最华丽的古希腊盔甲之一。

考古学家随后对头盔展开了研究，该头盔由一块铜板经过加热和捶打制成，出自技艺高超的工匠之手。这种制造工艺能够减轻头盔的重量，同时不破坏抗冲击性能，能有效保护士兵的头部。头盔前部的钢板更厚，护鼻和前额上方饰有雕刻和捶打形成的孔雀尾图案，眼部上方雕有蛇图案。护颊饰有两个狮子图案，一个在左侧，一个在右侧。

至于这顶铜头盔为何坠入大海以及它的主人是谁仍是不解之谜。一种观点认为，头盔的主人可能是希腊一艘战舰上的士兵，正与当时统治以色列的波斯人进行战斗。

目前也尚不清楚头盔如何坠入海法港海底，对于此最明显的一种解释是头盔的主人不小心将它掉进海里。另一种解释是士兵乘坐的船沉没。考古学家计划对发现头盔的海域进行搜索，寻找沉船残骸。虽然这种猜测还不能完全得到证实，却为我们了解自己所生活的这个星球的众多奥秘提供了许多线索和可能性。也许有一天，我们在欣赏这些海底遗物的时候，会发现它们与我们的生活其实是那么的接近！

所在地：以色列海法港海域

特点：头盔贴有金箔，同时带有装饰，是迄今为止发现的最华丽的古希腊盔甲之一

[古希腊士兵使用的铜头盔]

海底瓷都

中国南海

在中国南海的茫茫海域下"沉睡"着 2000 ~ 3000 艘古船，其中以宋元船居多。这些船满载着陶瓷、丝绸、金银珠宝等宝藏，尤以瓷器为最多，构成了一个"海底瓷都"。

所在地： 中国南海

特　点： 随着丝绸之路的繁荣，不断有满载货物的船只沉入海底，它们不断被发现，"海底瓷都"名副其实

[瓷器]

"瓷器"一词最早见于许慎的《说文解字》中。"瓷"这个字在汉以前指"瓦器"，《说文解字》中解释"瓷"为："瓦器，从瓦次声。"《隋书·何稠传》记载有"匠人无敢厝意，稠以绿瓷为之"。

我国古代的海上贸易相当发达，最早可追溯至汉代，曾开辟了经南海前往印度洋的"海上丝绸之路"。到宋元时期，我国海上贸易更是盛极一时，主要商品为丝绸、茶叶及瓷器，而当时的航海技术还无法实现亚欧之间长距离远航，印尼爪哇岛便成为欧洲和东南亚贸易的主要集散地，中国古船及其满载的上亿件外销瓷器一旦遇上海难，都将沉没于中国南海。倘若加上世界各国来中国进行贸易返回途中的沉船——谁也无法确认，其数量究竟有多少。

据估计，这些沉船上的宝藏大多是中国古代的精美瓷器，有专家称这些沉船构成了一个庞大的"海底瓷都"。

世界都在觊觎的海底古瓷

一艘船沉没后，它的名字也将随之消失。海水很快会毁坏掉货物清单、航海日记等一系列"身份证明"。国外的海洋考古学家，通常要查阅上千册历史文献、港口的船只进出港记录，甚至一些海事法庭记录，来寻找沉船最原始的信息。而我国从事外销贸易的海船大都是未经官方记载的民间船只，这些船只一旦沉没，往往踪迹全无，它们只能安静地待在海底，但总有些"巧合"会将它们重新拉回人的视野。所以，在现代不断有关于沉船被捞起的报道。

1983 年英国人麦克·哈彻在中国南海发现了 300 多

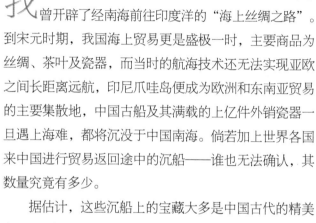

年前沉没的中国明代帆船，船内满载 2 万余件瓷器，虽经海水长期侵蚀和冲撞，但出水时依然光洁照人，在荷兰阿姆斯特丹拍卖时，以 250 万美元成交，平均每件价值 112 美元。

1984 年 10 月，韩国打捞起沉没在新安海底的中国宝船，得到 2 万余件中国元代古朴浑厚的青瓷。

1985 年，哈彻又在中国南海打捞了满载中国瓷器的荷兰沉船"格尔德马尔森"号，这是 1751 年在我国香港西南海域触礁沉没的货船，打捞得到 16.8 万件清代乾隆年间的瓷器，这些光彩夺目的古董次年在荷兰拍卖，哈彻获得了 1500 万美元。

……

看着如此多的国宝流向海外，在中国历史博物馆的牵头下，我国水下考古队也进行了较大规模的打捞活动。

2007 年，有渔民潜入广东省汕头市的乌屿和半潮礁（俗称"三点金"）之间的海底作业时，无意中发现了一艘载满瓷器的古沉船，随即开始打捞。在广州打捞局的协助下，南澳沉船水下考古队绘制出外围文物分布图、沉船平面总图和沉船纵、横剖面图，获取了大量的影像资料，采集外围文物近 800 件，加上渔民上交的 200 多件，

汉代末年，中国发明了瓷器。由于瓷器比木器、陶器、青铜器等任何材料制造的器皿都更美观、清洁、耐用、方便，特别适合用于饮食。所以，瓷器很快就受到外国商人的关注，中国瓷器开始向国外输出。有西方人曾经说，中国人太聪明了，他们用两种最简单的东西，赚了全世界无数的钱：一是树叶（茶叶），二是泥土（瓷器）。因此，也有人把中国的瓷器称为"变土为金"。事实上，早期的中国瓷器，在阿拉伯帝国及欧洲宫廷，其价值远远高于黄金。一个贵族可能有一个金碗，但却不一定有一个精美的瓷碗。

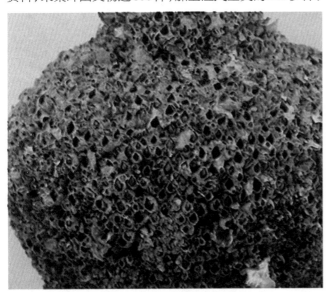

[海底打捞出的元代青花瓷]
由于长时间的海水浸泡，大部分海底打捞出的瓷器，已经跟这些海洋生物"长"在了一起。

总数超过 1000 件。

南海成为海底"藏宝阁"

南海不只是海底有大批文物，无数岛礁上也以各种各样的文物留下了我们祖先生活的痕迹。北礁是永乐群岛北端的一个椭圆形环礁，是南海航道的必经之地。1996 年，考古队员在北礁发现了 12 处文物遗存，打捞陶瓷器 300 余件，另有少量银器、石器和象牙等。在其中一处文物遗存处打捞出两根一长一短的象牙，一根比较完整，长约 1.2 米。

甘泉岛在西沙诸岛中露出海面的时间最晚，面积仅 0.3 平方千米。岛的西北有我国渔民建造的珊瑚石庙。在 1974 年和 1975 年的两次考古调查中，曾先后发掘了岛上的唐宋民众居住遗址，出土了一批日常生活用的陶瓷器。

在西沙群岛的众多岛礁中，数珊瑚岛出水的石雕器物最多。考古队员在珊瑚岛东北部的礁盘 6 米深水下，共发现了 3 处遗物点，其中 2 个遗物点主要是宋、元、明、清等朝代的陶瓷器，另一个则以石雕建筑构件为主。

1999 年在西沙群岛先后发掘了 14 处水下文物遗存，共出水元、明、清时代的瓷器 1000 余件，以碗、盘、碟、壶等日用品为主。

......

寻找沉船其实是有规律可循的。一般有沉船的地方，水流往往会有些异常，狂风巨浪和海底洋流把沉船和沉船上散落的物件汇集在一起。而且沉船大多会形成巨大的珊瑚礁，珊瑚迅速生长，一方面使船体木材免受船蛆蛀蚀，另一方面也吸引一些海洋生物聚居。此时，鱼群便是寻找沉船时最好的领路者。

瓷器是我国人民伟大的发明之一，打捞出的千姿百态的海底古瓷重现了我国昔日陶瓷的风采，它们也诉说着古代中国与世界各国的经济、文化、社会交流的盛况，是我国数千年悠久文明史的见证。

[打捞出的古钱币]

海底沉船中不只有大量的陶瓷，还有许多当时的钱币，上图为从国外沉船中打捞出的大量金币。

在马六甲海峡南部海底曾发现了一艘阿拉伯商船，因无法考证其原来的名字，只好以发现处地名命名为"黑石"号，船上不仅有大量瓷器，同时还发现了唐代的中国古货币之宝"开元通宝"。在阿拉伯船上出现这么多大唐铜钱，再次证明大唐经济繁荣，货币稳定，不仅南洋小国使用中国铜钱，连阿拉伯商人也用大唐铜钱。此时，中国铜钱就是南洋和印度洋贸易的硬通货，船上的大唐铜钱应是船家的"外汇储备"吧。

海底教堂

英国丹维奇市

丹维奇市曾是东英吉利的首府，也是中世纪英格兰十大城市之一。它曾是繁盛一时的渔港城市，然而经过海浪的侵袭，丹维奇市在 1286 年开始慢慢沉入海底，1919 年最后一座"万圣"教堂完全没入海底。

丹维奇市被海水淹没的命运从它被建立时就仿佛注定了。该市建立处的土地是很容易被海浪侵蚀的松软的水成岩地基。在 1066—1086 年，海水冲刷了丹维奇市的大半应税农田，再加上几场较大的暴风雨，更多的田地被吞噬。

1286 年，丹维奇市 400 多座商店和住房被巨大的海浪和升高的潮水席卷，这是丹维奇市遭受的第一次巨大的打击。从此开始，丹维奇市就慢慢地沉入海底。居民纷纷逃离此地，到 1844 年，丹维奇市仅剩 237 个居民。在丹维奇市沉没的过程中，16 座巨石建造的教堂逐渐沉没，直到 1919 年，最后一座教堂"万圣"教堂也被海水完全淹没。

世界上许多水下遗址都是由潜水爱好者发现的，而丹维奇市的潜水环境非常危险，这座曾经繁华的都市在此后 50 多年都无人问津。直到 1971 年，"万圣"教堂的塔楼才被考古爱好者斯图亚特·培根找到。如今海水把城市的一些残骸冲刷得干干净净。不过，还有许多巨石建成的教堂留在当地海床上。

古城丹维奇市逃离海边，逐步向内陆退化，成为一个小村庄，不复当年的繁华。而"万圣"教堂的塔楼，对于那些永沉海底的中世纪教堂来说，就是它们的海底墓碑。

所在地：英国
特　点：开始就注定要沉没的城市，终究没能逃脱命运的羁绊，但却成就了如今海底教堂的美名

[英国丹维奇市水下教堂遗址]

科技的进步为考古工作带来福音，利用声呐技术，培根和英国南安普敦大学地理学者大卫·塞尔在海床上又找到了分别于 15 世纪和 17 世纪沉没的另外两座教堂；而后，在海底淤泥中又有另一座教堂被英国威塞克斯考古中心找到。

银滩沉船800年
南海一号

"南海一号"20年前就被发现,但直到最近几年,人们才想清楚如何处置它——将它整体平移到海岸边正在兴建的博物馆中,一边发掘一边展览。

所在地:中国南海

特　点:"南海一号"已沉没近千年,有关它的每个猜想都赋予它神秘的光环

沉船掩埋在海底1米深的淤泥中,是一个长24米、宽10米,连带海底凝结物重达3000吨的庞然大物。把它移到博物馆内,这个计划如此宏大,以至到目前为止,世界范围内还没有其他人做过类似的实践。

这也是中国水下考古的最新进展。从1987年到现在,这艘被命名为"南海一号"的沉船已经成为中国水下考古里程碑式的标志,它的发现和打捞过程充满各式各样的奇迹和波折,如中国水下考古本身的进程一样:从没有一个水下考古人员,没有一套水下考古装备开始,到目前已经着手进行世界上最具难度的水下考古实践。

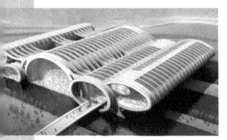

["南海一号"入住"水晶宫"]

"水晶宫"为一个巨型玻璃缸,水深12米,其水质、温度及其他环境与"南海一号"沉船所在海底位置完全一致。游客可通过地下一层的水下观光廊环绕参观,还可以进入全景观察舱,经过电脑对轨道的设置,感受趣味盎然的全方位观察模式,进行三维参观。

["南海一号"复原模型]

曾经的意外发现

阳江海域的老渔民祖祖辈辈都有条恪守成规的经验，那就是出海捕鱼时有一块水域绝不能靠近，因为只要在那里撒网，渔网就会被划破，至于划破渔网的东西是什么一直没人去追寻，但就是这个疏忽让一个秘密藏匿了700多年。

秘密的发现纯属意外，1987年，英国海洋探测公司在荷兰图书馆和航海图书馆中查到一艘名为"YHRHYNSBURG"的东印度公司古沉船，意欲打捞出海。1987年8月，广州救捞局承接了这一业务。虽然沉船地点已经记载得非常详细，但打捞结果显示并没有这艘东印度公司沉船，而是意外发现了另一艘古代沉船，并伴随出水了一大批珍贵文物，此沉船便是后来令世人瞩目的"南海一号"。

古船打捞 20 年

"南海一号"是在 1987 年夏天发现的，但在 2003 年之前，国家一直未向外界披露有关信息。"南海一号"沉船位于阳江和江门交界海域，两地渔民在这一带海域作业活动较多。因为保密，保护沉船的官兵们使出浑身解数，将附近的渔船劝离。

直到 2002 年，中国历史博物馆水下考古研究中心联合广东省文物考古研究所等单位的水下考古专业队

["南海一号"石碑简介]

2009 年 12 月 24 日，阳江市人民政府、广东省文化厅在海陵岛十里银滩隆重举行广东海上丝路博物馆开馆典礼。人们自此可以走进这个中国乃至亚洲唯一的大型水下考古博物馆，一睹沉睡海底 800 多年的南宋古沉船"南海一号"以及系列珍贵文物。

[从"南海一号"中打捞的陶瓷]

员 12 人对"南海一号"进行了首次打捞。之后的 3 年时间，水下考古队一方面进一步熟悉了沉船环境，另一方面还进行了小规模试掘，打捞出金、银、铜、铁、瓷类文物 4000 余件。这些文物以瓷器为主，包括福建德化窑、磁州窑、景德镇窑系及龙泉窑系的高质量精品，绝大多数文物完好无损。

古船主人是官还是民？

"南海一号"是一艘宋代商船。船体长 24.58 米、宽 9.8 米，是目前世界上已发现的最大宋代船只。如此巨大的商船，不禁引发人们的想象，这艘近千年前的大型越洋商船的主人是谁？驾驶它的船员在漫长的海上旅行中是如何工作和生活的？

清理打捞出来的瓷器时人们发现，不少瓷器的底部都出现了人名样的文字——"李长保""李大用""六哥""林花"，这几个文字应该是人名，"这个人"或者说是"这些人"，是否与船主有关？是瓷器订户还是其他，目前仍是个谜。

["南海一号"出水的充满异域风情的文物]

不少文物具有浓郁的西亚风格，如鎏金腰带、镶了宝石的金戒指、仿银器的瓷碗、类似阿拉伯手抓饭时使用的"喇叭口"瓷盘等。从这些器物，尤其是眼镜蛇遗骨等的发现，专家推测，船上曾住有阿拉伯、印度商人，眼镜蛇为其饲养的宠物，继而有"南海一号"当年应是开往印度及西亚国家的推测。

船行海上丝绸之路

在中国久远的历史中，丝绸和瓷器一直是最受欢迎的外贸产品。从汉朝开始，来自中国的丝绸就由各色商人牵着驼队，通过西域的贸易通道运输到亚欧各国。后来在陆上丝绸之路发展的同时，我国的丝绸也在通过海路源源不断地运输到国外。这是一条从中国沿海港口出发，一直向西，穿过南海，抵达外部世界的贸易通道。

海上丝绸之路，在汉代即有记载，当时中国船只从广东、广西等地的港口出海，沿中南半岛东岸航行，最后到达东南亚各国。唐宋之后，随着航海技术和造船技术的发展，海上丝绸之路的航线更加遥远，贸易也愈显繁荣，对于中国瓷器来说，再也没有比水运更加便捷和安全的运输方式，丝绸之路也进而演变成"陶瓷之路"。

"南海一号"沉没的地点正是处于这条航线之上。由沉船的海域向东北，经过川山群岛，可上达广州、潮州、泉州、厦门等港口，向西则可下雷州半岛、琼州海峡以至广西，然后穿过南海到达更加遥远的目的地。

["南海一号"出水的文物]

"南海一号"从开始打捞至今，出水的文物已经多达 14000 余件套、标本 2575 件。其中包括瓷器 13000 余件套、金器 151 件套、银器 124 件套、铜器 170 件、漆器 28 件，以及约 17000 枚铜钱和大量动植物标本、船木等重要考古发现。随着时间的推移和调查的深入，人们对"南海一号"的了解越来越多：它是目前世界上发现的海下沉船中船体最大、年代最早、保存最完整的远洋贸易商船；出水的瓷器涉及福建、浙江、江西等不同窑口；根据出水的钱币显示，它的沉没时间大致在南宋早期；船体的木块部分为马尾松，船只可能建造于中国南方；出水的银质镀金腰带和鎏金龙纹手镯显示船主非常富裕……

来自远古的文明
古巴哈瓦那巨石废墟

在世界的某些神秘海底或湖底隐藏着远古人类城市，这些远古建筑遗址蕴藏着大量的人类历史信息。古巴哈瓦那巨石废墟，就是这样的地方，它保留着许多秘密，了解它们可以帮助人们对过去历史文明的形成有更多认识。

所在地：巴西尤卡坦海峡

特点：古巴哈瓦那巨石废墟很有可能是早于远古美洲文明的存在，这让美洲的历史又发生了新的改变

[古巴哈瓦那巨石废墟]

古巴哈瓦那巨石废墟位于巴西尤卡坦海峡，目前仍有一个科学研究小组对其进行考察。当深海之下的水底结构被灯柱缓缓照亮时，呈现在人们视野里的，是方方正正的巨大石块和一些金字塔形状的建筑。海面科考船通过声呐扫描后发现，这些白色巨石阵排列非常整齐，整个图像看起来就像一座被海水突然吞没的城市废墟，方圆足足有16平方千米。从其使用功能看，可以隐隐约约地区分出"城市广场""大厦"和"公共设施"等。参与勘测活动的科学家认为如此有规则的巨石阵，不可能是大自然所为。另一位参与者对他的这个说法表示支持，因为该海域内的8座类似巨型金字塔的建筑十分有规律地按轴线分列，如果用自然形成来解释似乎有些牵强。

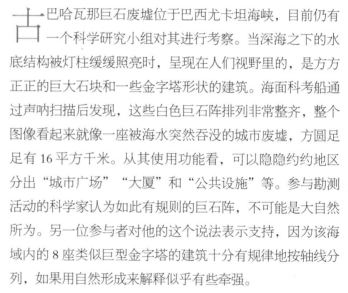

实际上，类似古巴近海的这种发现在最近半个世纪并不罕见。一个研究小组在对巴西尤卡坦海峡进行勘测时，也发现了城市环境废墟的迹象。那些水下废墟沿着海底一直延伸到数千米之外，许多人认为它的历史可能要早于远古美洲文明。而在欧洲北海海底发现的大量自然景观，很有可能已经存在至少1万多年了，被科学家誉为遍布欧洲的远古文明废墟的中心地点。

不难想象，如果史前时代人类曾经有文明，那么很可能一度，甚至几度毁灭于天然灾害侵袭，只留下部分遗迹在地形变动或海水上升后，没入海底而得以保存。或许这对于如今的我们来说，正因如此才得以看见人类以前的历史。

神秘的海底水晶金字塔
百慕大三角

百慕大三角是集合神秘事件的重要地标之一，美国和法国等国的科学家曾联手在当地海域发现了水晶金字塔。半透明的海底金字塔位于海底2000米深处，专家表示它是由玻璃和水晶所建成的，体积也大过埃及的金字塔，它可能是亚特兰蒂斯的能量来源。

在举世瞩目的北大西洋百慕大群岛区，有一个人人皆知的神秘三角海域，称"魔鬼三角"。近百年来，邮船、货轮、帆艇，还有军舰和潜艇乃至飞机，它们在浑然不觉中，在短暂的几秒内便消失得无影无踪。同它们的无线电联络突然中断，既找不到残骸，也没发现尸体，它们似乎一下子"融化"在海洋里。据不完全统计，自20世纪30年代以来，这里发生的各种坠机沉船事件达240多起，近2000人丧生。

所在地：百慕三角洲
特　点：探测该区域海底
　　　　有沉没的半透明
　　　　金字塔

金字塔概况

美、法等国的科学家曾在神秘的百慕大三角，发现了人类之前从未发现过的海底水晶金字塔，其周长有300米，高200米，露出海面的底部到顶尖的高度也有100米，在规模上比任何一座古老的埃及金字塔都还要大得多。

有科学家指出，水晶金字塔所在的百慕大三角可能是亚特兰蒂斯人的圣地，他们在此处祭祀。也有其他的观点指出，水晶金字塔让亚特兰蒂斯人可以从宇宙能量场或量子真空地带吸收宇宙能量，成为亚特兰蒂斯文明的动力能量来源。

这座金字塔的表面光滑无比，部分属于半透明的形态。初步推断，金字塔结构可能是由玻璃，甚至是具有能量的水晶所构成；不仅如此，这座金字塔上面有两个非常大的洞口，海水快速掠过第二个洞口，形成巨大的

百慕大三角（英语：Bermuda Triangle）是十三个英国海外领土之一，位于美国北卡罗来纳州正东约600千米的海上。

在最新的调查中，将生活在海面到海底4.8千米处的浮游生物"一网打尽"。在捕获的数千种生物中，科学家已经对500种进行了分门别类，并对其中220多种的基因序列进行了分析。结果显示，目前至少有20种浮游生物是第一次发现，此外还发现了120余种鱼类，其中几种还是百慕大的"特产"。

漩涡，在海面上产生巨浪和雾水，这或许能解释为何在此地曾发生过如此多神秘事件。

金字塔为何沉没海底

有一些西方的学者正在为这一问题争论，在海床上建设的金字塔最初应当是在陆地上建成的，在一次毁灭性的地震中，地球的面貌彻底被毁坏，金字塔沉入海底。另一些科学家则说，几百年前，百慕大三角的海水是因为亚特兰蒂斯时期的地壳运动造成的，在地底下的金字塔可能是当时人们作为他们的物品贮藏地而建造的。也可能它与水下的类人的地下种族有关，那是2004年在华盛顿被发现的称作"水生类人猿"的物种。

更深入细致的研究得出的结果让人很难理解。科学家们处理了所有的数据后，得到的结论是这两座金字塔的表面非常光滑，看着就像玻璃或冰。它们的尺寸都是著名的胡夫金字塔的两倍大。这是一个爆炸性的新闻，为此在佛罗里达还举行了一个会议，同时当地报纸《佛罗里达新闻》还予以了报道。新闻里包含了很多高分辨率的图片和其他电脑数据，显示了三维非常光滑的金字塔图片，上面几乎看不到任何的碎片、藻类或者裂缝。

[百慕大三角电影剧照]

现如今关于百慕大三角有着无尽的说法，但每一种都不能令人满意，虽然它历经沧桑，但仍执着地矗立于地球上，人们唯有靠想象力，凭借影视作品才能一睹其魅力。

海下"核反应"或揭开一个大谜团

核反应所带来的毁灭性的打击，相信了解"二战"历史的人都会心有余悸。日前，在挪威临海发现海底有火山口，不时冒出巨大的甲烷气泡并发生爆炸，因而推测位于中美洲的百慕大三角或有同样情况，产生类似核反应的效应，使驶过此地的船只沉入海底。

专家推测海床下地壳蕴藏的石油及天然气渗漏至海床并不断积聚，最终导致爆炸，炸穿海床，从而形成火山口，而地壳甲烷渗漏形成巨泡，巨大甲烷气泡爆炸从而威胁驶经船只，这或许可以部分解释百慕大三角的神秘现象。

海底捞出远古的计算仪

希腊古沉船

若问最早的计算仪是什么时候诞生的，可能就会有人去翻阅关于计算仪的历史，事实上早在 1900 年发现的一艘希腊的沉船中，就发现了最古老的计算装置——安提凯希拉装置。

1900 年，一名叫艾利亚斯·斯塔迪亚托斯的希腊潜水员在安提凯希拉岛附近海底一艘沉没的古代货船残骸中，发现了大量珠宝、陶器、葡萄酒和青铜器，然而其中最重大的发现，却是一个神秘复杂、已经生锈的古代希腊青铜机械装置，它显然是一个复杂机械的剩余残骸。

复杂机械是个什么装置

在被发现之初，这个装置看起来更像一块珊瑚礁石，但实际上这块"石头"是一个被海水腐蚀严重的青铜机械装置，装置外部有刻度盘，内部竟然镶嵌着精密齿轮。随后科学家通过 X 射线、β 射线以及中子衍射仪等现代化设备开始对这个锈迹斑斑的青铜齿轮进行研究，随着科研人员对安提凯希拉装置研究的不断深入，大家逐步意识到这是一个非常了不起的装置。

早先，人们只当它是早期时钟罢了，因其圆圆的外表，加上刻度盘，还有十分粗壮的十字"表针"十分像时钟，但事实并非如此简单。

人们将这个装置命名为"安提凯希拉装置"，此时不仅名字有了结果，研究人员对其作用也有了更深一层的了解，实际上安提凯希拉装置是一台基于差分

所在地：希腊安提凯希拉岛
特　点：最古老的计算机在考验现代文明下人类的智商，人们居然花费了 100 年的时间才弄清楚安提凯希拉装置的工作原理

[安提凯希拉装置残骸]

安提凯希拉装置只剩下了 82 枚碎片，包括一些微缩字体的铭文，全部受到了腐蚀。现在，它们都在雅典国家考古博物馆内得到了永久性保护。

[安提凯希拉装置]

"安提凯希拉装置"由手工制成,做工精细。装置由铜质齿轮和刻度盘组成,29 个齿轮彼此咬合。研究人员认为,装置制成于公元前150 年至公元前 100 年,于公元前 65 年左右随船沉入 42 米深的水中。

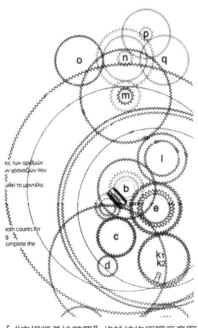

["安提凯希拉装置"齿轮结构原理示意图]

计算器工作原理的天文分析计算机,它通过齿轮传动链来演算复杂的运算。在深入的分析研究中,人们证实安提凯希拉装置能够计算出行星位置、恒星时、日食和月食。

很难想象在远古时期竟有如此精密的仪器。在历史记录中,类似安提凯希拉装置的设备直到公元 14 世纪才问世。即便是在当今世界,安提凯希拉装置不仅在博物馆闪耀着远古科技的光芒,其机械设计的精髓更是被某些品牌的高级腕表设计所借鉴。

探究发现地点,找到更多线索

安提凯希拉装塞残骸位于 60 米深的冰冷水域,周围满是岩石和湍流漩涡,难以抵达。当人们放弃打捞项目时,其中已有两人因水压造成瘫痪,一人死亡。

直到 1978 年水下探险家雅克·寇斯托在沉船所在地停留了几天,捞上来一些珍贵的小器件,包括小亚细亚海岸国家使用的硬币,这表明该船于公元前 70—前 60 年从那里起航(可能从希腊殖民地装载了战利品后返回罗马)。但是即使有很强大的水肺装备,潜水员们也只能在海底待上短短的几分钟时间,不敢冒着巨大水压的风险。自此之后,再没有人会去进行探险。

时间来到现在,经过与希腊有关当局多年协商后,马萨诸塞州伍兹霍尔海洋研究所的水下考古学家布伦丹·弗利终于获得下潜安提凯希拉岛的许可。

他与水下文物考察局等的希腊考古学家一同工作。水下到底还有什么?谁也说不清楚,他们希望在整个岛屿周围进行下潜,采用大型轮船对大约 17 海里的范围进行快速搜索。弗利希望借此可以发现许多先前未曾探知的沉船。

安提凯希拉岛位于古代一条繁忙的商业航线中段上，常有船只在暴风雨时在此触礁沉没。在罗马时代，该岛也曾是声名狼藉的海盗聚集地。因此，该岛附近海域极有可能会有历史上各个时段的沉船存在。

安提凯希拉装置是否是阿基米德的杰作

安提凯希拉装置自 1900 年被人们发现以来，就引起了大量推测。其中有一种声音说它可能是由希腊著名科学家阿基米德制作的。

迄今为止，考古学家已发现 81 个碎片，它们构成了这台"超级计算机"所有 30 个青铜齿轮。安提凯希拉装置不仅能够跟踪水星、金星、火星、木星和土星等当时已知的所有行星的运动、太阳的方位以及月球的方位和盈亏，而且在装置后面一个跨度 19 年的日历上，研究人员设法读取了所有月份的名字。

月份名字均是科林斯式，说明安提凯希拉装置可能是在位于希腊西北部或西西里的锡拉库扎的科林斯殖民地制造的。锡拉库扎是大名鼎鼎的数学家阿基米德的家乡，因此这个装置最有可能是在他去世后很多年制造的，虽然它不是阿基米德制作的，但至少是在其传播的知识基础上制造的。

由于安提凯希拉装置非常珍贵，雅典国家考古博物馆不允许将其移出馆外，因此科学家们在博物馆内搭建了临时实验室进行研究，几十年过去了，最新的研究结果显示，这台设备可能起源于罗兹岛，并且不是阿基米德的作品，但其制作者的身份依然是个谜。

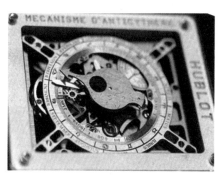

[当今名表中的安提凯希拉装置]

研究人员认为，安提凯希拉装置原有 37 个齿轮，前后钟面各一个，可以安装在长 31.5 厘米、宽 19 厘米、厚 10 余厘米的木箱中。该装置是一个可运算的日历，按一年 365 天计算，其中最巧妙的设计是，它每 4 年还包括 1 个闰年。

安提凯希拉装置是一幅真正的宇宙图（描绘宇宙的机器），更准确地说是月面图（描述月球运动周期的机器），它具有高度精确性，并且能够显示多个天文周期，包括默冬周期（Metonic Cycle，以希腊天文学家默冬的名字命名，19 年为一个周期，等于 235 个朔望月），卡里皮克周期（Callippic Cycle，以希腊天文学家卡里波斯的名字命名，76 年为一个周期，等于 940 个朔望月或 4 个默冬周期），并且可以纠正一切误差。安提凯希拉装置还能够指示专门用于预测日食、月食的沙罗周期（Saros Cycle，223 个朔望月，等于 18 年多一点）和转轮周期（Exeligmos Cycle，等于 3 个沙罗周期或 54 年）。

海底白银大宝藏
戈尔韦海底

海底有沉船，这不稀奇；沉船上有宝藏，这也不稀奇；宝藏是银条，这还不稀奇；但是海底沉船首次打捞就有 61 吨银条，这就是实属罕见的重大发现了。

所在地：戈尔韦海底
特　点：一艘名为"盖尔索帕"号的沉船中有 240 吨白银

在遥远的大西洋深处寂静的海底里，埋藏着许多未被发掘的秘密。那是一片黑暗的世界，太阳的光芒不足以照射到这么深的地方，偶尔会有一点点光亮，也是深海鱼发出的微弱的光芒。在深邃的大洋底部，强大的压强足以把玻璃压成粉末。当然这并不能阻挡为此而生的海底探险勇士，尤其是奥德赛海洋勘探公司。他们的勘测船不畏风高浪急，行驶在海洋深处。而且，他们的船上还装备着包括旁测声呐、磁力计、遥控载具等在内的最先进的海洋探测工具。

2011 年夏天，美国奥德赛海洋勘探公司运用高科技手段，在戈尔韦海底 4.8 千米深处发现了"盖尔索帕"号沉船。在"盖尔索帕"号沉船中他们发现了大量的银条。据悉"盖尔索帕"号长度为 125.5 米，是英国一艘铁壳货船，1941 年 2 月，这艘船因遭受纳粹 U 型潜艇攻击而沉入海底。

["盖尔索帕"号]

"盖尔索帕"号为英印蒸汽航运公司所属船只，1919 年开始服务于位于伦敦的英国东印度公司。商业货运主要目的地为远东、印度、澳大利亚和东非。1940 年，"盖尔索帕"号被列入英联邦战时运输部的名录上。随后，1941 年 2 月 17 日，被纳粹德国潜艇（U-101）鱼雷击沉于爱尔兰西南约 483 千米的海面。该船所运载的大量白银也随之沉入海底。

"盖尔索帕"号的打捞行动从 2012 年开始，一直持续到了今天，共打捞出 1574 根银条，每根银条重量大约 1100 盎司，总重量达到 61 吨。这是迄今在英国海域打捞出最多贵重金属的一项发现。不过根据英国劳埃德保险公司的战后赔偿记录，当时船上装载有 240 多吨白银。

被遗弃的繁华都市

亚巴古城

亚巴是古罗马时期的度假胜地，富人、精英阶层都会来此享受生活。不幸的是，好时光并没有持续。到了 16 世纪，火山爆发摧毁了这个地方，整个亚巴古城都被海水淹没了。

在荷马史诗《奥德塞》中，那个用歌声迷惑住过往船只的女妖塞壬，就生活在这一带的海面上的岩石上，她的歌声，让所有听到的人不顾一切地投入大海里，为追寻她而死。后来塞壬爱上尤里西斯，为追寻爱情，当她投入海中时，塞壬的身体被海浪冲到黄金海岸，这里便成了那不勒斯湾，海底隐藏着古罗马的遗址——亚巴古城。

当年恢宏的建筑，如今安静地沉在海底，水下的亚巴古城无疑是令人震撼的，在忽明忽暗的水底，依然可以感受当年的亚巴古城有多么壮观。

所在地：意大利那不勒斯湾

特　点：看水下古城，感受古罗马精湛的科技与经典的雕刻工艺

古城城墙

[水下古城遗址]

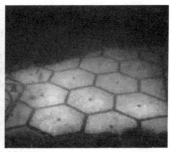

古城地板

由黑白的马赛克砖铺就的地板，画着海星、海葵浅滩的壁画，还有依稀可见的古罗马的街道，这里的一切都显示着古罗马人的审美和高超技艺。

亚巴古城已经成为一个潜水和考古的胜地。在离波佐利海沿岸 400 米的地方，就可以看到橙色的标杆，标注着亚巴古城所在的位置。游客既可以乘船游览海底的废墟，也可以选择潜水亲自到海底一探繁华褪尽后的城市。

水下文明古城

泥沙之城

　　在埃及北海岸尼罗河入海口，那里曾经存在两大著名的古城，它们是繁华富有、规模宏大并曾经显赫一时的赫拉克利翁古城和东坎诺帕斯古城，如今都已沉没于海水之中。

所在地：埃及北海岸
特　点：一处印证传说
　　　　的遗址被发现，
　　　　让如今的人们
　　　　了解公元前人
　　　　类的生活信息

公元前 500 年左右，赫拉克利翁城和东坎诺帕斯城曾经是埃及繁华的贸易中心，它们不但是希腊船舶沿着尼罗河进入埃及的重要咽喉要道，还是重要的宗教中心，那里的神殿每年吸引世界各地成千上万的信徒前来朝圣。然而一直到最近，我们所知道的这些都来自一些古代文字的记载。据希腊历史学家希罗多德在公元前 5 世纪时所著的一本书中描述，这两座城市似乎是爱琴海上的两个岛屿。

[电影《特洛伊》海报]

传说中，在特洛伊战争爆发前夕，世界上最漂亮的女子：特洛伊城的海伦，曾跟爱人帕里斯游览一座叫作赫拉克利翁的城市。可是赫拉克利翁后来在历史中不见了，甚至被认为或许只是传说。在距希罗多德 2400 多年之后，考古学者终于发现了这座古城，原来这个曾经繁华的港口城市已经沉没海底达千年以上。

法国海洋考古学者在离现今海岸线 6.5 千米的阿布基尔湾海底 150 米处发现了赫拉克利翁古城。后来，牛津大学海洋考古中心和埃及文物部门也加入了这座古城的考古打捞工作，并利用电脑科技画出了赫拉克利翁的三维重构图。

考古学者的研究显示，赫拉克利翁就是古埃及人叫作索尼斯的城。它处于希腊商船进入埃及的咽喉要道，大约在公元前 8 世纪开始发展，并在公元前 6—前 4 世纪因海上贸易而变得空前繁荣。到了公元 6—7 世纪沉没，据推测是地基不断下沉和洪水泛滥所造成的。因为考古人员在附近海域发现了来自希腊和腓尼基的物件，还找到了 64 艘船、700 多个锚和许多金币，这些遗物充分显示了赫拉克利翁作为地中海重要商港的地位。

在将该城复原形制之后，考古人员发现，城中心的神庙供奉着古埃及信仰中创造万物的阿蒙神。在其周围有上百尊小型雕像，形象属于其他各个埃及神祇。这些雕像因水下淤泥的保护而处于完好的状态，不仅如此，在海底还发现几十具石棺，估计是用于献祭的，用以放置动物做成的木乃伊。

在阿布基尔湾海域还发现了一些石碑，碑上有象形文字和古希腊文，破译这些文字将为人们提供更多有关古埃及宗教和政治生活的信息。

东坎诺帕斯遗址发现于数千米之外。两座古城由运河和浇灌渠以及现已不存在的一条尼罗河支流相连。这两座城市均建在河岸边的泥沙地上，没有任何固定的支撑和桩基。每当尼罗河洪水泛滥之时，地基就会不断下沉，洪水也渐渐将两座古城沉没于水下。

[阿蒙神]

阿蒙神被描绘成头戴两片羽毛，手持一根权杖的形象。他象征着男人的气概，公羊和雌鹅是他的神兽。他的崇拜中心位于底比斯，在中王国时期，他的权威达到了顶峰。

《天方夜谭》中的海底宝藏

波斯湾

波斯湾位于阿拉伯半岛和伊朗高原之间，在海湾及其周围 100 千米的范围内是一条巨大的石油带，这里蕴藏着占世界石油总储量一半以上的石油，这些液体黄金已经让这一地区的人们"富得流油"，而在深深的海底还有着不可估量的财富。

所在地：波斯湾地区
特　点：大航海时期沉入海底的无数象牙、金银艺术品及陶瓷或许会是波斯湾地区又一笔大大的财富

[动画片中的辛巴达]

早在公元前 20 世纪，波斯湾就是巴比伦人的海上贸易通道。在阿拔斯王朝时期，阿拉伯帝国境内的丰富资源和过境贸易，为商业的发展创造了条件，阿拉伯商人的足迹因此遍布亚、非、欧三大洲，当时的巴格达成为著名的世界商业和贸易中心之一。

读过《一千零一夜》故事集的人都认识辛巴达这个勇敢的航海旅行家，他曾七次出海远航，为期数十年，历尽千辛万苦和惊心动魄的艰难险阻，到过钻石山、猿人岛，同吃人的巨人、骑在他身上的海老人以及种种怪物打过交道，他的船几次触礁沉没，只是幸运和他的机智使他摆脱了这种种的危险。许多学者声称，辛巴达的原型很可能就是阿曼著名的航海家艾布·阿比达，他为海上香料之路做出了卓越的贡献。

在这一时期，繁荣的海上贸易为阿拉伯人带来了无尽的财富，由于阿拉伯人当时擅长的是转手贸易，将西方的奢侈品卖到东方，再将东方的香料、瓷器等卖到西方，使欧美地区的黄金和白银大量转移，也在波斯湾海域留下了无数的沉船，因此沉船上有许多当时贸易的商品。

《一千零一夜》故事集是阿拉伯人民的智慧结晶，是阿拉伯各民族对世界文学的重大贡献。这部伟大的民间故事集内容包罗万象，有格言、谚语、寓言、童话、恋爱故事、冒险故事、历史故事和名人逸事等，写情写景深刻生动，真实地反映出中世纪阿拉伯国家的社会制度、生活方式、宗教信仰和风土人情。

海底"完美金字塔"
太平洋深海

金字塔一直让世界上的许多人着迷，近太平洋海底现巨型金字塔的消息，更是引起了许多人的关注。

来自阿根廷的马塞洛·伊加祖斯塔声称在太平洋深处有一座金字塔，位置约在 12°8′1.49′N，119°35′26.39′W 这一坐标处，即墨西哥以西的太平洋深处。他说发现的过程颇有些神秘，因为是一束光线引导着他，这才发现隐藏在海底的巨型金字塔。

无独有偶，一名外星生命追踪者在博客上与粉丝分享其所见所闻时写道：太平洋深处的巨型金字塔，其基座一条边长 13.6 千米，但这数字是保守估计，也可能长 17.6 千米，这一巨型建筑也许难以辨认，因为看上去像海洋上的一块污迹。

同时，该研究人员还解释说：太平洋海底的金字塔邻近于墨西哥的古代玛雅人和阿兹特克人修建的金字塔，尽管这些古代金字塔是人类修建的，但也许只有外星人才能够建成这样一座巨型海底建筑。

该研究人员本身就是研究天外来客的，对于此次发现，他一直坚信是外星人所为，这的确不稀奇，到底真相如何，或许我们更应该期待科学家给予真正的解释。

所在地：太平洋海底
特　点：海底发现完美巨
型金字塔影像

玛雅人是古代印第安人的一支，是美洲唯一留下文字记录的民族。他们构成了多样的美洲土著人民族，生活在墨西哥南部和中美洲北部。

阿兹特克人是北美洲南部墨西哥人数最多的一支印第安人，约有 130 万人，主要分布在中部的韦拉克鲁斯、莫雷洛斯、格雷罗等州，蒙古人种美洲支。使用纳华特语，属印第安语系犹他－阿兹特克语族，原有象形文字。

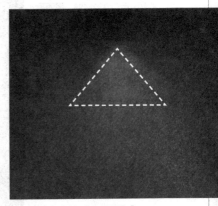

[太平洋海底的"金字塔"]

古玛雅文化水下遗址

墨西哥尤卡坦岛

在古玛雅人的信仰中，雨神查克住在被称为炎的"沼穴"的天然井中，即使到了今天，生活在墨西哥尤卡坦半岛的农民依旧对着沼穴祈求雨神普降甘霖。

所在地：墨西哥图卢姆以南 17 千米的尤卡坦半岛东海岸

特　点：考古界一直在研究的古玛雅文明，虽然很难，但也不得不相信古玛雅人已经彻底消失了。但是，目前科学家竟然在一条地下河中发现了古玛雅人生活过的遗址

早期的玛雅人拥有高度发达的科技，因为他们会建封闭式的金字塔，而这些金字塔的年份甚至可以追溯到古埃及时期；玛雅人的数学也相当出色，他们掌握着比 19 世纪的欧洲科学家掌握的更为复杂的天文处理方法，而且还是美洲大陆第一个拥有书面语言的土著部落。因为玛雅文明的过去非常繁荣，玛雅文明有着如古埃及文明一样的神秘和浪漫。所以更让如今的考古学家着迷，古玛雅人去了哪里？或许现如今的发现可以给人一些启示。

[水下遗址]

洞穴对于古代玛雅人来说是个重要的场所，该洞穴是石灰石被溶蚀后自然形成的，墨西哥估计有 6000 个洞穴（自然形成的天坑），但是被人类勘探过的还不到一半。

地下河惊现玛雅人生活遗址

世界知名的国际潜水科考小组哥伦比亚潜水小组向媒体透露，他们在墨西哥东南的尤卡坦半岛———历史上玛雅古国的所在地考察时，发现了一条结构复杂、洞穴相连的地下河流。

早在 1998 年，该科考小组的成员从当地一个将近 1 米宽的井口潜下水去，想了解这些位于丛林中的深井常年不干且水质清澈的秘密。没想到下井后发现，该井竟然没有尽头，潜水员们潜了足有 800 米长，吃惊地发现井里面竟是一个无比宽广的"水底世界"。一条条错综复杂的地下通道不知通往何方，一些形状古怪、不知姓名的水生物、小鱼、小虾等，同样好奇地在这些陌生的访问者身边游来游去，轻啄着他们的潜水服。为了更加详细地勘测这片水底世界，他们从欧洲调来设备，以方便考察。

几个月后，一些重达几百千克的最新测量设备、水下灯、高级潜水服、瓦斯车等，通过马背陆续运到了位于丛林深处的现场。潜水员们立即全副武装地开始了考察，由于地下河里地形错综复杂，刚开始考察时十分困难，有时仅仅为了勘探一个深不可测的凹穴，潜水员就得在水底熬上12 小时。

随着探测的深入，潜水员们越走越远，在快到地下河的一半深处时，他们中有人意外地发现了一些早期人类生活过的痕迹。潜水员们陆续发现了一些保存完好的砌在石壁边上的炉灶、石器时代的石桌和其他

[天坑里的怪异钟乳石]

墨西哥尤卡坦半岛水底的石灰岩天然井里面布满了各式各样的钟乳石，当然这种钟乳石还很特别，长得像火箭发动机的尾喷口。

[玛雅文字]

[玛雅历法盘]

曾经甚嚣尘上的"2012末日预言"，在人们平安度过后，不攻自破，2012年12月21日被玛雅人看作一个"全新启蒙时代"的来临日，但他们并没有说清楚这个启蒙时代意味着什么。

一些古人类活动的遗迹。依据发现的遗物，科考小组的科学家们估计，在9000～1万多年前，这些古代人曾经生活在这里。

此外，科考小组还发现了其他一些玛雅时期的东西，如破碎的陶器、玛雅人的遗骸等。面对这些意外发现，潜水员们谁也没敢动它们一下，可以说他们十分震惊。玛雅文明已经足够神秘，但他们怎么也不会想到，自己竟然会在几十米深的地下河里发现古代玛雅人砌下的炉灶、石凳。

令人吃惊的古玛雅文明

相信看过梅尔·吉布森的电影《启示》的人们肯定会对古玛雅人有深刻的印象。但不得不说，那并非事实的真相，因为聪明的古玛雅人在很早以前就知道时间的永恒。这可以从他们发明的历法看出来。

玛雅人使用三种历法。公民历法或者哈布，它有18个月，每个月20天，每个周期共有360天。

卓尔金历被普遍用于仪式，它包含 20 个月，每个月 13 天，每个完整的周期包含 260 天。二者相结合，它们共同组成了一个能够追踪行星和星座运行的复杂日历。

玛雅文明中是没有开头和结尾的，没有标志着一年结束的准确日期，只有行星循环的韵律。爱因斯坦证明了时间的相对性，因此他被人们所称赞，其实玛雅人一直都知道这一道理。

而在墨西哥尤卡坦半岛，科考小组的科学家们进一步研究后发现，遗址的地下河在玛雅人的传说中早有记载，古玛雅人称之为"欧西贝哈"，意思就是"万水之源"。洞穴和深井在玛雅人的宗教中占有相当重要的地位，他们将洞穴称为"西诺蒂"，意思就是"神的井"，他们把它看作到达阴间的"地狱走廊"，而不是人类居住的地方。

地球到底有多少秘密？这个问题会一直带领人们无休止地探索下去，或者只有探索，才是找寻答案的唯一途径。

目前，全世界出现了为数不少的水晶头颅，2008 年，由英国和美国科学家组成的研究小组使用电子显微技术和 X 射线结晶技术对大英博物馆和美国史密森尼博物馆内珍藏的水晶头颅进行了检测，令人遗憾的是，水晶头颅居然是现代科技的作品，在巨大利益的吸引下，一些冒牌专家甚至真正的考古学家，通过高超的技术手段，伪造出令人难辨真假的考古大发现，从而欺骗了世人数十甚至上百年。

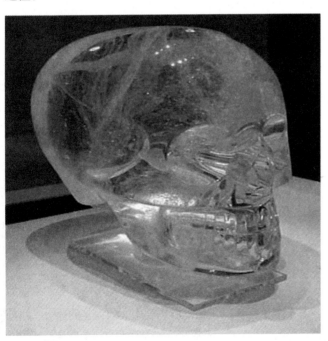

[水晶头颅]

水晶头颅是玛雅人的圣物，拥有神秘的力量。据说，美洲原住民有一个传说，他们的祖先留下了 13 个水晶头颅，如果把它们放在一起，就会揭示出人类过去和未来的秘密。

海底不仅有鱼，还有黄金
南卡罗来纳州

在人类征服海洋的历史中，时不时有人幸运地获得黄金，有的黄金因随沉船而落入海底；有的是因为火山而喷发沉积的贵重金属，不管哪种，只要可以拥有其一，都可以一夜暴富。

所在地：世界各地深海海底

特　点：让人魂牵梦绕的海底宝藏

奥德赛海洋勘探公司是一家美国深海沉船勘探公司，致力于寻找沉船、有趣的故事、非凡的宝藏和珍贵文物。奥德赛海洋勘探公司对世界沉船历史的研究比较深入，该公司的研究团队，包括世界知名的科学家、技术人员和考古学家。他们的沉船调查涉及的海底范围超过2.7万平方千米，调查时间超过1万小时以上，他们采用先进的机器人技术对沉船地点进行潜水调查，而更重要的是，运用考古学的最高标准，奥德赛海洋勘探公司的专家小组已经发现了超过数百艘从公元前3世纪迦太基时期的小艇到19、20世纪殖民时代的战舰沉船。

寻找黄金沉船上的上万千克的黄金

在1857年加州淘金热潮逐渐消退的时候，一艘装载有19吨黄金的轮船遭遇了一场飓风，在南卡罗来纳州南部海岸沉没，船上所有的金条和新铸金币都沉到了海底。

专门从事深海探测的奥德赛海洋勘探公司从一艘名为"中美洲"号的沉船中找到了5根金条和两枚金币，其中一枚金币铸造于1850年的费城，另一枚铸造于1857年的旧金山。

"中美洲"号沉船有85米长，在1853年首次下水时曾被命名为"SS George Law"号。它在沉没之前，完成了巴拿马和纽约之间的43次往返。这艘沉船的残骸最早是在1988年被确定的位置，它沉没于距离南卡罗来纳州海岸257千米的2200米深水中。

1988—1991年，人们通过回收作业成功从整个沉船遗址中找到了沉船中全部黄金中的大约5%。除了金条和金币之外，两小时的潜水勘探还发现了一个瓶子、一块陶瓷以及沉船木质结构样本等物品。

海下2000米的金矿王国

如果说寻找海底沉船是稍带运气的事情，那如果在海底找到黄金矿床，那可能就需要中彩票大奖的运气。目前这个运气空降到了山东省莱州市瑞海矿业有限公司头上。

2015 年，山东第三地质矿产勘查院在莱州三山岛北部海域发现有金矿，这个金矿资源量达 470 多吨。经过勘探发现，在海下 2000 米的海下金矿形成矿带，它的形状有点像巨大的"螃蟹"埋藏在深海底部，属全国首个海上发现的金矿。这个"金娃娃"最终由山东莱州市瑞海矿业有限公司抢得。

据山东省地质专家介绍，莱州自古就是黄金矿产地，这一区域内金矿资源丰富，是我国重要的黄金生产基地，在世界范围内也是罕见的金矿富集区。目前莱州已探明的黄金储量达 2000 多吨，是名副其实的中国黄金储量第一市。

让人魂牵梦绕的海底宝藏

"阿波丸"是一艘令全世界所有打捞者魂牵梦绕的沉船。传说中，船上有一座重达 40 吨的金山。1945 年 3 月 28 日，"阿波丸"在新加坡装载了从东南亚一带撤退的大批日本人驶向日本。4 月 1 日午夜时分，"阿波丸"航行至我国福建省牛山岛以东海域时，被正在该海域巡航的美军潜水舰"皇后鱼"号发现，遭到数枚鱼雷击沉。

据报道，"阿波丸"上装载有黄金 40 吨、白金 12 吨、大捆纸币、工艺品、宝石 40 箱。据估计，最低可打捞货物价值为 2.49 亿美元，所有财富价值高达 50 亿美元。除了这些金银财宝，"阿波丸"沉船上很可能还有一件无价之宝：那就是"北京人"头盖骨化石。我国曾于 1977 年对"阿波丸"沉船进行过打捞，未发现传言中的 40 吨黄金与"北京人"头盖骨化石。然而，有学者认为，因为那次打捞不完整，无价的珍宝也许仍静躺在海底。

["中美洲"号]
1857 年，"中美洲"号蒸汽船遇到飓风沉船，425 名乘客和 19 吨黄金也一同沉没。这是美国历史上最惨痛的沉船事故之一。

奥德赛海洋勘探公司除了搜集沉船宝藏、文物和开展各类刺激和冒险的深海勘探之外，还涉足网站、展览、书籍、电视、商品、教育方案和虚拟博物馆等行业，通过多种渠道宣传沉船知识和探索发现。2009 年，Discovery 探索频道还为它制作过 12 集专题探索纪录片"寻宝探秘"系列，在黄金时段全球播出。

传奇海盗黑胡子的海盗船
"安妮女王复仇"号

　　出生于英国的爱德华·蒂奇是天生的亡命徒，他留着一从浓密而张扬的胡子，打出娘胎以来就从没剃过，因此得了"黑胡子"的绰号。他活跃在加勒比海，是海盗黄金时代后期的风云人物。

所在地：加勒比海
特　点：传奇海盗的传奇故事

黑 胡子原名爱德华·蒂奇，出生于英国，是世界航海史上最著名的海盗之一。他的事迹一直被改编进各类电影及电视，如在电影《加勒比海盗4：惊涛怪浪》中，名为黑胡子的反派参与了争夺传说中的不老泉，电影中其海盗船也叫"安妮女王复仇"号。

海底海盗船竟是"安妮女王复仇"号的真身

1995 年，考古学家在北卡罗来纳州海岸发现了一艘

["安妮女王复仇"号——影视资料]

根据约翰·麦尔的设计，"安妮女王复仇"号是黑胡子的旗舰，这艘特别的船让人印象深刻，它雄伟壮丽，传递出残忍的海上霸主所特有的恐怖气息，充分展现黑胡子的邪恶。船上最具特色的就是那些骨头的布置，这些腿骨和手臂的骨头都来自黑胡子剑下的牺牲品，此外还有满墙的头骨，这些无不暗示黑胡子手里有无数冤魂，船尾是明亮的灯塔，说明这艘船是兼具多重功能的指挥舰，它的设计超凡脱俗。船头悬挂着黑胡子的骷髅旗，一个巨大的角骨架，一只手里握着高脚杯，另一只手里抓鱼叉，这样的设计展现出船的主人在尽情享受他的战利品。

[黑胡子——爱德华·蒂奇在影视作品中的形象]

爱德华·蒂奇本是大海盗戈特船长的手下，后来脱离了戈特自立门户，在全盛时期拥有由4艘帆船组成的海盗舰队，其中"安妮女王复仇"号是他的旗舰。

18世纪早期沉没的战舰残骸。据说，该区域只有一艘同样大小的船沉没了——"安妮女王复仇"号。

直到最近，北卡罗来纳州文化资源部才指出这艘1995年发现的沉船可能是"安妮女王复仇"号。经过对所发现的证据进行全面而彻底的分析，官员们证实这艘沉船就是黑胡子的旗舰"安妮女王复仇"号。

研究小组之所以能够确定沉船身份主要有两个原因，一个是沉船的体积，另一个是在碎石中发现了很多武器。专家称当时在这一区域活动的船只中没有一艘的体积与"安妮女王复仇"号相当，而且船身发现的大量武器说明它应该是一艘海盗船。

传奇海盗黑胡子的经历

作为加勒比海盗的领军人物之一，黑胡子爱德华·蒂奇见证了加勒比海盗的兴起。黑胡子1680年出生于英国，十几岁时他便登上一条英国海盗船当了一个小海盗，这条海盗船拥有英国政府颁发的私掠许可证，因此可以在英国政府庇护下攻击和掠夺敌对国家的商船。成年后，爱德华留起了一脸浓密的黑胡子，有时还会编成小辫，

为什么加勒比海曾涌现出那么多的海盗？

上海海事大学的教授认为海盗主要是依托比较密集的航线，以及主要航线周围密集的岛屿、港湾存在。因为海盗要抢劫，必须隐蔽、突然，加勒比海地区有这样的地理环境。

还有一个原因是加勒比海也是西班牙把美洲的黄金白银等各种珍贵物品运回本土的航线，可以说是当时世界上最大的财富运输线。

17世纪末到18世纪初被历史学家公认为是加勒比海盗的黄金时代，当然，所谓黄金时代只是针对海盗而言，对无法绕过这片魔鬼海域的欧美商船来说，那满眼骷髅旗的30年是最黑暗的时代。

由此他获得了黑胡子的绰号。

据说，他力大如牛、酒量过人，可以在一整天海战后，豪饮一夜朗姆酒，然后精神百倍地再次投入厮杀；因为嫌烈性的朗姆酒不够劲，他还常常要在酒里撒上一把火药。

1701 年，西班牙王位继承战争爆发，为争夺西班牙

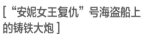

["安妮女王复仇"号海盗船上的铸铁大炮]

考古学家已经发现船上的一口报时铜钟、一门大炮、各种型号的铅弹、金粉、蜡烛，以及一些玻璃器皿，甚至还有用来治疗梅毒的注射器。这些遗物年代全部在 1705—1720 年之间，与"黑胡子"的活动时间吻合。

王位，英国与荷兰、奥地利、葡萄牙结成同盟对阵法国和西班牙等国，黑胡子在这场大战中为英国劈波斩浪、出生入死，西班牙和法国的海上运输线被众多黑胡子这样的英国私掠海盗弄得难以为继。1714 年，战争以英国的胜利、西法等国的失败而告终。停战后，英国政府收回了向本国船只颁发的私掠许可证，同时还遣散了大量海军官兵。成千上万的水手面临着新的人生选择：要么解甲上岸或在大洋上从事合法的贸易，要么去当一个逍遥法外的海盗。一刻也离不开火药味的黑胡子在一群弟兄的拥戴下铤而走险，当上了海盗头子。当时像黑胡子这样下海为盗的退伍水兵在西欧各国为数颇多，一时间加勒比海变成了海盗的乐园。

虐杀成性的黑胡子

正当人们被黑胡子这个名字闹得人心惶惶时，人们很快发现黄金和金钱并非此人唯一的爱好，他最大的嗜好是折磨人，常以此为乐，直到将人折磨致死。

黑胡子每劫到一艘船后，就命人将旅客双手捆住，再蒙住眼睛，用利剑威逼着他们一个接一个在船舷上跳进大海，直到整船的旅客全部死光为止。最残忍的是，黑胡子不但滥杀无辜，而且就连跟随他卖命的手下也不放过。据说，每当抢掠到一批财宝需要埋藏时，他都带着一名水手一同前往，当埋到一半时，他常常从背后突然袭击杀死这名水手，将他的尸体和财宝一起埋下。

1718 年，黑胡子带领手下的海盗在北卡罗来纳州帕姆利科湾与英国战舰展开激战，黑胡子在战斗中送命。一些历史学家认为黑胡子故意让"安妮女王复仇"号搁浅，以保存下他最贵重的战利品。这些战利品帮助历史学家将沉船与黑胡子联系在一起。沉船发掘工作于 1997 年开始，发现的主要文物包括药剂师用的砝码、少量金币和铅弹以及一口刻有"1705"这一日期的船钟。

["安妮女王复仇"号打捞的残骸]
在打捞出的炮筒上，有一门清晰的刻有黑胡子的标志，这让人更加确信，此船为"安妮女王复仇"号无疑。

药剂师用的砝码上面印有微小的鸢尾花图案，这是 18 世纪的法国皇室标志。"安妮女王复仇"号最初是一艘法国船，名为"Le Concorde"，1717 年被"黑胡子"俘获。他逼迫"Le Concorde"号的外科医生加入海盗行列，当时的外科医生可能携带药剂师用的砝码。

考古学家认为一名法国船员可能将金币藏在铅弹桶里，以防止被"黑胡子"手下的海盗抢走。

对于"安妮女王复仇"号沉船，人们期待着能在水下捞出一批财宝。当然，这只是寻宝者的一种愿望，至于这愿望什么时候能付诸实现，还不清楚。

让世界觊觎的黄金宝船
"圣荷西"号

在全世界数以万计未被发现的古沉船中，1708 年在哥伦比亚附近海域沉没的西班牙"圣荷西"号沉船堪称其中"殿堂级"的存在。据说该船载满金条，至少值 10 亿美元。

"哥伦比亚发现运宝船残骸，终结长达 300 年的历史谜团"，法新社曾以此为题报道，称哥伦比亚发现了18 世纪在加勒比海沉没的西班牙帆船"圣荷西"号残骸，当时船上满载黄金、白银和宝石。

所在地：哥伦比亚海域
特　点："圣荷西"号沉船一直作为沉船界传说一样的存在，因其装载有大量的金币、银币、珍珠、宝石，为此哥伦比亚政府和西班牙政府还有过摩擦

宝船沉入海底

1708 年 5 月 28 日，在西班牙王位继承战争期间，一艘西班牙大帆船"圣荷西"号缓缓从巴拿马起航，向西班牙本土驶去。这艘戒备森严的船上载满着金条、银条、金币、金铸灯台、祭坛用品的珠宝，据估计至少值 10 亿美元，除此之外，船上还载有 600 多名船员。可以说，谁掌握了"圣荷西"号，谁就掌握了改写西班牙王位继承战争结局的密码。

正是"圣荷西"号上的巨额财富引来英国方面的虎视眈眈。英国海军准将查尔斯·瓦格尔率领一支由 4 艘军舰组成的小型舰队，正在南美洲加勒比海的海岸附近"守株待兔"，希望夺取包括"圣荷西"号在内的几艘货船上的巨额财富。

"圣荷西"号船队也并非没有防备，船队共有 15 艘船，其中 4 艘船上装了总计 64 门加农大炮。此前，法国国王路易十四还答应让法国军舰护航。

船队在一望无际的大海上平安无事地航行了几天，直到 6 月 8 日。这一天，"圣荷西"号原本准备在哥伦

[油画"圣荷西"号爆炸]

著名海战油画《"圣荷西"号爆炸》。作者是英国著名的风景画家塞缪尔·斯科特,他也是著名的海战油画家。

比亚的喀他赫纳港靠岸补给,然后再度出发。

不过,英国海军准将瓦格尔和他的舰队早已掌握"圣荷西"号的一举一动,并准备好了作战计划。

然而"圣荷西"号船长费德兹全然不顾,他天真地认为:大海何其大,怎么会这么巧遇上敌舰?可事情就是如此巧合,6月8日,当费德兹在加勒比海惊恐地发现前面海域上一字排开的英国舰队时,傻了眼。猛然间,炮火密布,水柱冲天,几颗炮弹落在"圣荷西"号的甲板上,600多名船员以及无数珍宝自此沉往海底,成为一个传说。

可笑的是交战双方谁也未能得到这笔巨大的财富,战争又持续了5年。最后英国成了最大赢家,从而走上海上殖民之路;西班牙在欧洲的领土损失大半,失去传统的欧洲大国地位;法国不再称霸欧洲,开始衰落。

巨大宝藏引发的矛盾

2015年年底,哥伦比亚总统桑托斯在推特上表示,"好消息!我们发现了'圣荷西'号大帆船。"

对于此消息，西班牙人则认为，船是他们老祖宗的财产，应该还给他们，况且按照《联合国海洋法公约》等相关国际公约，他们至少应该分得一杯羹。哥伦比亚政府则不以为然，坚持要"吃独食"。2013年，哥伦比亚通过新文物保护法，其中一款就规定，在哥伦比亚领海发现的且被本国政府认定为国家级保护文物的任何历史遗存，均为哥伦比亚所有。

不仅如此，在哥伦比亚政府宣布之前，美国寻宝公司"海洋搜索舰队"声称，他们1981年就已经发现了"圣荷西"号的位置，理应分得一杯羹。

在茫茫大海里，发现这么一艘历史久远的沉船，而且又要把它打捞起来，确实既耗时又耗力，而且还需要耗费大量财物。在这样的情况下，之所以还有专业公司去从事这项工作，应该说还是有所考量的。一个是经济利益的驱动，这艘船上能够打捞出来足够吸引人们眼球的东西，经济利益难以估量的。另外一个，从文物及考古学的研究角度来看，也有非常重大的意义。

据了解，哥伦比亚北部沿海一带可能有大约1000艘西班牙沉船，其中6～10艘里面有宝藏。

["圣荷西"号沉船残骸]

科学家利用深海摄像头在海底拍摄的"圣荷西"号上所载的货物。

埃及艳后的水下宫殿

亚历山大港

在历史上诸多赫赫有名的女性中，克利奥帕特拉七世（埃及艳后）无疑是一位焦点人物，她凭借美丽的外表和卓越的智慧，不但保全了一个王朝，而且使强大的罗马帝国的帝王纷纷拜倒在其石榴裙下，心甘情愿地为其效劳卖命。

克利奥帕特拉七世是埃及国王托勒密十二世的女儿，她才貌出众、聪颖机智、擅长手腕，用一生写就了传奇二字。

所在地：埃及亚历山大港附近

特　点：在水下沉睡了 1600 年的埃及艳后——克利奥帕特拉七世的宫殿在海底找到

克利奥帕特拉七世与三个罗马男人——恺撒、安东尼、屋大维的纠葛成为千古传奇。恺撒助她夺权，而她为恺撒生下儿子小恺撒；她是安东尼的情人，安东尼兵败后她被屋大维生擒。为了避免成为屋大维带回罗马示众

[《埃及艳后》电影剧照]

由伊丽莎白·泰勒主演的影片《埃及艳后》一经播出，受到广泛好评，泰勒将克利奥帕特拉七世的美艳、智慧演绎得淋漓尽致。

[埃及艳后宫殿发现的巨石雕刻]

[水下打捞出的雕塑]

从水下带上来众多古物，其中一个是追溯至5世纪的小法老雕塑，这些古物出土自克利奥帕特拉七世一处宫殿和几处神庙。

2008年，考古学家在亚历山大港以西的塔波西里斯·马格纳庙遗址内发现了数尊克利奥帕特拉七世的石雕头像、20多枚铸有她头像的铜币以及其丈夫安东尼的面具，这说明两人可能同葬于此。

的胜利品，克利奥帕特拉七世以毒蛇之吻结束一生。据罗马史书记载，屋大维满足了她临死之前的要求，把她和安东尼埋葬在一起。

海底惊现埃及艳后的宫殿

20世纪90年代初，埃及地形调查局允许高迪奥带领的考古团队在亚历山大港海域进行海底挖掘。高迪奥和他的潜水员们在此进行了艰苦的发掘，因为那里的海底光线很暗，到处是污物，能见度非常低，潜水员只能看到几米内的物体。

他们发现了公元前30年罗马帝国入侵之前统治古埃及的最后一个王朝：托勒密王朝的丰富遗产——亚历山大港托勒密王朝王家居所。考古学家使用先进技术勘测沉没在亚历山大港海底的亚历山大大帝的宫殿，证实了2000多年前希腊地理学家和历史学家对这座城市描述的准确性。

亚历山大港托勒密王朝王家居所是一个港口，是由一个海角和几个岛屿组成的寺庙、宫殿和军事要塞结合体。因为公元4世纪和8世纪的两次地震，这个王家居所沉入大海。随后，亚历山大港东部的港口就废弃了，成了一个无人问津的开放港湾，现在那里只有20世纪修建的两个防波堤，这些古老的建筑就沉睡在海底没受到打扰。

20年的追寻回馈

考古学家高迪奥表示，他花了20年时间寻找海底沉船和沦陷城市，这处遗址是他发现的最独特的地方。至今许多古埃及遗址都已被人类破坏，但这处遗址保存完好。

考古学家找到了很多珍贵文物，从硬币和日常用品到埃及统治者的巨型花岗岩雕像以及用于供奉神灵的庙宇。他们还发现了一个巨大的石像，科学家相信这是克利奥帕特拉七世和情人恺撒的儿子小恺撒的头像，此外，还有两个狮身人面像，其中一个据说代表克利奥帕特拉七世的父亲——国王托勒密十二世。

寻找逝去的城市——亚历山大城

传说中，亚历山大城这座明珠般美丽的地中海城市始建于公元前 331 年，当时马其顿国王亚历山大大帝雄心勃勃地要建造一座以他的名字命名的城市，以使他的功绩流芳千古。古书中史学家和诗人们如此描绘："开放在花园中喷泉边的那些五彩缤纷的花朵飘散出浓郁的芬芳，沿着宽达 30 米的围墙散步，边走边欣赏由红色花岗岩和大理石制成的宏伟宫殿，长长的柱廊，雕像，还有数不胜数的寺庙……"

亚历山大城还是古代各种伟大思想研究和交流的中心。在那里，数学家欧几里得完成了他的诸多著作，如最著名的《几何原本》；天文学家阿利斯塔克发现了地球绕太阳公转的秘密；解剖学家埃罗菲洛在这里对人类的神经系统进行了研究。这座拥有 20 万人口的城市成为一个大都市时，罗马还只是一个由破旧砖房组成的比小村庄稍大一点的城市。可是，老天偏偏要与这座美丽的城市作对。一场大火使这里远近驰名的图书馆化为灰烬，一系列地震使高耸的灯塔坍塌，海港的水吞没了由安提罗得岛、蒂莫尼姆和波塞冬的神庙组成的王家居所。如今有希望让这一切完美地呈现在人们眼前，对此，研究人员及潜水队员的压力很大。

具有传奇色彩的克利奥帕特拉七世的王宫也找到了。不过，呈现在研究人员眼前的景象却与他们预料的相去甚远：从书中读到的那些珍贵的材料和文物杳无踪迹。实际上，根据古代文献的记载，王宫顶棚上的大木箱里装满了财宝，房梁由一层厚厚的黄金覆盖着，龟甲形的门扇上镶嵌着密密的祖母绿。这些仿佛如《一千零一夜》中描述的财宝究竟到哪里去了呢？

英国伦敦大学学院埃及古物学者在一批以前从未被发现过的中世纪阿拉伯文献中发现一个惊人内幕：曾以风流手段令古罗马两大元首恺撒和安东尼先后拜倒在她裙下的埃及艳后克利奥帕特拉七世，可能并不像希腊传记中描写的那样只是一个美艳妖娆、专爱勾引男人的风流女子，她可能还是一个富有才华的早期数学家、化学家和哲学家。

[亚历山大城海底巨石]

这座古城的发现给史前文明的存在提供了更多的证据，但是要真正让考古学家承认史前文明的存在，还是非常难的，因为这和过去的历史观并不兼容。

臭名昭著的海盗之都

牙买加皇家港

皇家港是世界著名的天然深水良港，曾是"新大陆"上人口最多的城市。英国掌控了这个港口后，开始收编海盗来对抗当时强大的西班牙海军。之后，这里成为当时世界上最大的海盗船队集结地，被称为"人类历史上最邪恶的城市"。1692年6月7日，一场大地震让皇家港从此消失在大海中，善良的人们把它的遭遇归之于"天谴"。

所在地：加勒比海

特　点：金斯敦以前被称为皇家港，这里曾经是血腥殖民统治下"不幸的城市"，被称作"海盗首都"。"老魔鬼"亨利·摩根以此为根据地，横扫整个加勒比海，并成为历史上最令人闻风丧胆的海盗之王

[《黑帆》中皇家港剧照]

据说为了完成圣职而来皇家港的英国牧师曾经留下这样的话："这里的居民都是海盗、杀人犯及妓女等这世界上最堕落的人，我在这里一点用处也没有。"由上图可见当时的皇家港是何其的奢靡。

牙买加首都金斯敦以前被称为皇家港，金斯敦位于著名的蓝山脚下，是世界著名的天然深水良港、旅游疗养胜地。城市面海背山，山上苍翠一片，海面碧波万顷，自然风光极为秀丽，有"加勒比城市的皇后"之称。由于城市一旁是肥沃的瓜内亚平原，这为金斯敦成为牙买加全国最大工业中心提供了最坚实的后盾。

而实际上在几百年前，金斯敦不过是一座名不见经传的小城，在当时的"都市人"看来，那只是印第安人中的阿拉瓦克族的居住地而已。它最繁荣的地方是离现在城南5千米处的皇家港（又称罗亚尔港）。

曾经的奢靡之都

1959年，一批带着先进潜水装备的考古学家在牙买加首都金斯敦的外港下海，寻找321年前陷落的城市遗址。通过一年的打捞，其中最有价值的莫过于一只怀表，表针指向11时47分，这个正是古城沉没的时间，多年未解的谜题终于有了答案。

[皇家港曾经的军事要塞遗址]

1509—1655 年，皇家港被西班牙占领，随后，英国人将西班牙人驱赶出去，此地又沦为英国殖民地。为防西班牙人反扑，英国人在此筑起海防要塞，企图利用火力控制附近的海域，保持对西班牙城市的经济钳制。

当时皇家港处于非常重要的战略时期：16 世纪时，殖民强盗在美洲搜刮了大量金银财宝，一船船运回欧洲，再加上对各个港口的军事封锁，货物贩运的利润达到了史无前例的程度。而皇家港则是这些商船的必经之地。

据资料记载，皇家港在黄金时代至少拥有 6500 人，甚至达到 1 万人居住，这已经是当时"新大陆"上人口最稠密的城市。同为大英帝国殖民地的波士顿，当时才 6000 人。形形色色的金匠、银匠、妓女、手工艺人和商人从世界各地蜂拥而至。最高峰时，金斯敦平均每 10 个居民就有一家酒馆或客栈。城里大约矗立着 200 幢建筑物，密密麻麻地拥挤在 0.2 平方千米的土地上。大多数建筑物用砖建成，其中一些有 4 层楼高。同时，人们使用的货币均为金、银硬币，从城市建设及其畸形的繁荣来看，这里无疑是一个富裕的天堂。

[《加勒比海盗》剧照]

历史上，像电影《加勒比海盗》中杰克船长这样的"自由海盗"当然有，但大多不成气候，真正叱咤加勒比海的都是摩根这样的"官办海盗"。他们拥有英国、法国或西班牙的"私掠许可证"，对于发证国，他们是"官兵"，对本国商船一般加以保护；对于其他国家，他们就是不折不扣的海盗，对船只、人员毫不留情。摩根甚至还利用双重身份公开审判其他海盗，并用来向英国政府邀功请赏。

阿里巴巴的海盗藏宝洞

尽管英国人控制了这个重要港口，但是西班牙也有强悍的军队，再加上它入侵新大陆更早，所以英国仍然很难染指西班牙的势力范围。随着西班牙军队在古巴集结，英国开始担心对手反扑。在来自政治与利益的双重压力下，除巩固皇家港要塞的军事设施以外，英国政府

[海盗亨利·摩根]

亨利·摩根 1635 年出生在威尔士的一个大户人家的庄园。23 岁就当上了海盗首领，他带着自己的海盗军队抢劫了众多城市，所到之处将财宝掠尽，留下的是一座座地狱之城，连强大的西班牙军队也对他无可奈何。

[皇家港－歪屋]

这座大宅原本是大海盗的豪华宅邸，在 1692 年大地震中幸存下来，后来英国皇家海军将它修复成火药库。1907 年又一次大地震爆发，这座大宅再次奇迹般地没有倒塌，只是倾斜了 35 度，如今人们仍能看到这座歪斜了 100 多年的古宅。

也开始发展起一种新的对抗方式——海盗战术。

所谓海盗战术，就是英国政府收编海盗，让他们代替为数不多的英国驻军接替整座城市的防务。同时，政府怂恿海盗专门袭击西班牙商船，尤其是对西班牙的运宝船实施抢劫。作为交换，英国政府同意将皇家港开辟为加勒比海盗的基地，就这样皇家港成为当时世界上最大的海盗船队集结地。

在这座"海盗首都"的辉煌时期，加勒比海诸岛及周边城市居民对一个海盗头目十分恐惧，甚至达到了谈之色变的程度，这个人就是被称为"老魔鬼"的亨利·摩根。

摩根的出现，让西班牙人觉得灾星临头。摩根以皇家港为根据地，先后袭击了古巴、巴拿马城等地。当时的巴拿马城城高墙固，易守难攻，很多有经验的海盗都将其视为难啃的骨头，甚至在海盗会议上拒绝摩根的建议。摩根当时并未说什么，但是第二天，反对者的尸体便挂上了皇家港的城墙。稳定军心后的摩根大举进攻巴拿马城，海盗们突破了前两道防线，然后被第三道强有力的防线挡住了。但他转而又想出了一个险恶的主意，他用被俘虏的牧师和修女作为军队的挡箭牌，趁笃信天主教的敌人慌乱之际，终于攻下了这座重镇。摩根一时名声大噪，被称作"可怕的人"。

经过数年时间征战，摩根不但获得了大量财富，俘获了大量奴隶，他本人也成为历史上最令人闻风丧胆的海盗之王。从古巴的普林西比港一直到委内瑞拉的马拉开波，几乎整个加勒比海地区都受到过他的摧残。

天谴降临

摩根统治下的皇家港，其公开身份是牙买加的首府，另一个非正式身份则是"人类历史上最邪恶的城市"。海盗抢夺来的财物在这里堆积成山，有中国的丝绸、印尼的香料、英国的工业品，当然最多的还是金条、银条和珠宝。酒馆里人声嘈杂，销赃市场顾客如云，满载着工业品的英国船在码头卸货，美洲大陆的过境船在此补给淡水。当然也少不了满载财宝刚刚完成"任务"的船只。这里虽然人口不多，但奢侈程度在当时首屈一指。

1692 年 6 月 7 日中午时分，皇家港的大地忽然颤动了一下，接着是一阵紧似一阵的摇晃，地面出现了大裂缝，建筑物纷纷倒塌，城墙崩溃。土地像波浪一样起伏，同时出现了两三百条裂缝，忽开忽合。远处的海面上，海啸形同海神的巨掌，将港内的船只悉数打碎。港内的人们奔走哀号，企图找到庇身之地……11 时 47 分，一阵最猛烈的震动之后，皇家港全城三分之二沉没于海水底下，还来不及被吞噬的尸体开始慢慢浮出水面，而残存在陆地上的建筑物被海浪冲得无影无踪，似乎曾经什么都未存在过。

皇家港从此消失在大海中，善良的人们把它的遭遇归之于"天谴"。

[皇家港水下遗址]

城市的主体部分位于水下 12 处。自 1950 年之后，一些潜水者对它的遗迹进行了探索，发现它们出乎意料的完整。

[海盗旗的故事]

作为海盗旗的倡导者，海盗头目"棉布杰克"其实并没有留下多少值得称道的海盗事迹。他最著名的事迹就是与安妮·鲍妮的结盟以及他的悲惨死法。"棉布杰克"原名约翰·莱克汉姆，有这个绰号是因为他总是穿着条纹长裤和外套。

千古之谜

"哥德堡"号沉船

"哥德堡"号巨船带着从遥远的中国运来的茶叶和瓷器，在众多亲人的注视下，在离家只有 900 米远的海域沉没。

所在地：汉尼巴丹海域

特　点：一艘满载着骄傲与荣誉的巨船，就在离家只有 900 米的海域，在众多亲人的注视下沉入了海底，由此造就了一个千古之谜

1745 年 9 月 12 日，在经历了两年半的远洋航行之后，"哥德堡"号满载着来自中国的商品，驶回瑞典哥德堡港。"哥德堡"号被认为是当时世界上最好的远洋商船，是瑞典整个造船业的骄傲。然而就在几乎到达岸边的最后一刻，它不幸触礁沉没。

"哥德堡"号是艘什么样的船

18 世纪中叶，西方与中国的贸易给商人们带来了巨大的利润。冒险家坎贝尔等人通过向瑞典宫廷权贵们大力游说，终于获得了皇家的特别准许令，得以与中国开

["哥德堡"号仿古船]

2006 年 7 月 18 日，由 4000 名工匠费时 10 年按原样打造的瑞典仿古商船"哥德堡Ⅲ"号在航行 9 个多月后，驶抵古代海上丝绸之路的起点广州。

展贸易。这是瑞典国王向外国投资公司签发的第一张贸易许可令。

　　开展海上贸易需要巨大的商船，18世纪20年代末，瑞典的全部海运商船只有480艘，但仅仅50年之后，数量便猛增到900艘，几乎翻了一倍。其中，瑞典东印度公司新建的商船一艘跟着一艘下水，远航东方，极大地带动了造船业的发展，著名的"哥德堡"号便是瑞典东印度公司的骄傲。

　　"哥德堡"号的船体长40.9米，包括牙樯在内的总长度是58.5米，水面高度47米，18面船帆共计1900平方米，可以载运400吨货物，堪称18世纪的超级货船。

　　"哥德堡"号是设计师弗雷德里克·查普曼的代表作，于1738年正式下水，第二年就开始了它的处女航，驶向遥远的中国。

"哥德堡"号在船舱底部装载100吨瓷器（四分之三为青花瓷）用来压舱，瓷器之上便是其他中国货物，装载总重700吨。

["哥德堡"号仿古船再现瑞典人生活]

"哥德堡"号仿古船来到广州，再走当年的海上丝绸之路，展出的图片再现了当年哥德堡港的风情。

"哥德堡"号运载了什么样的货物

"哥德堡"号一共进行了 3 次航行，第一次从中国运回的货物，拍卖之后的收入高达 90 万旧克朗，而上交国家的关税只有区区 2000 克朗，海关税率只有 2.2‰，难怪和中国做生意是一项需要国王特别批准的垄断性权力。坎贝尔深知旁人的嫉妒会给公司招来祸害，因此每次商船从中国返回之后，一旦卖掉船上的货物，公司的所有账本一律烧毁，片纸不留。甚至董事会成员之间，也无法知道自己的合伙人赚了多少钱。

1743 年，"哥德堡"号在完成两次中国之行以后，又开始了它的第三次远航。离开西班牙之后，"哥德堡"号沿着非洲西海岸航行，用三个月的时间，直奔印尼的爪哇岛。

在连续几个月不靠岸的航行中，"哥德堡"号的各个部分都在暴风

["哥德堡"号仿古船在中国海域航行]

雨中受到不同程度的损坏，船上储存的淡水变得腐臭发黑，木桶里长满了蛆虫，但船长和船员都不敢有半点停留，因为他们害怕遭遇海盗的袭击。

但"哥德堡"号因为错过了季风，不得不在爪哇岛停留了整整 8 个月，等候冬季刮起西北风，吹动它的船帆，将它带往冒险旅程的目的地——中国广州。

到达广州后，经过长达 3 个月的贸易，"哥德堡"号的船舱也渐渐地装满了。当时由于瑞典距离中国非常遥远，"哥德堡"号每次都会将船舱装满中国的茶叶和瓷器，这些东西对于瑞典人来说是非常奢侈的物品，远比黄金珍贵。

巨船"哥德堡"号的陨落

1745 年 9 月 12 日这天，哥德堡港的人们一大早就等候在海岸边上，远远地追随着"哥德堡"号的身影。然而，不可思议的一幕在人们眼前出现了。在港口的入口处，"哥德堡"号莫名其妙地偏离了航线，驶进了著名的"汉尼巴丹"礁石区。刹那间，海水涌入船舱，"哥德堡"号慢慢在倾斜中下沉。附近的船只迅速赶来救援，但一切已经无法挽回。在无数人惊恐的目光下，"哥德堡"号庞大的身躯带着满载的中国财富沉向海底。

人们从沉船上捞起了 30 吨茶叶、80 匹丝绸和大量瓷器，在市场上拍卖后竟然足够支付"哥德堡"号这次广州之旅的全部成本，而且还能够获利 14%。可见，如果这批货物完整运回，将会为它的东家带来怎样巨大的财富。

这之后瑞典东印度公司又建造了"哥德堡Ⅱ"号商船，它最后沉没在南非。1813 年，瑞典东印度公司关闭。

"哥德堡"号船上的上万斤中国茶叶，就此留在了海底。难怪有人就此写道：汉尼巴丹海域，从此变成了世界上最大的一只茶碗！

"哥德堡"号自从 1745 年沉没在海底之后，一直被持续不断的发掘，当然获利者也是收入不菲。从 1986 年开始，在长达 6 年的发掘工作结束时，船员们共找到了 500 件完好的瓷器，还有将近 8 吨重的破碎瓷片。当然还有很多中国茶叶，覆盖在泥层下的茶叶大约有 70 厘米厚。虽然物品可以打捞，但历史不能再现，"哥德堡"号当年遇难的原因如此蹊跷，以至种种传说和推测流传了数百年而莫衷一是。

["哥德堡"号捞出的中国瓷器]

水下的城市

帕夫洛彼特里

希腊是人类文明的发源地之一，其陆地上拥有数不清的文化瑰宝和历史遗迹。一支英国和希腊联合考察队的发现仍然震惊了全球考古界，他们在伯罗奔尼撒半岛南端的尼亚波利斯附近海底，发现了一座5000年前的古城。

[BBC 电视纪录片《水下面的城市》]

根据专家的研究，在公元前1000年左右帕夫洛彼特里沉入海底，但迄今未能解释该城镇下沉的原因。怀疑其下沉的原因有海平面变迁、地震造成的地面下降和海啸等。

CITY BENEATH THE WAVES
PAVLOPETRI

所在地：希腊南端水下
特　点：世界唯一一座历史超过5000年的水下古城

作为世界上遗留的最古老的海底城镇，帕夫洛彼特里的规模和城内设计是空前的。"可以追溯到公元前2800—前1200年的遗迹，甚至比古希腊的鼎盛年代更加悠久。世界上存在历史更悠久、更古老的水底遗址，然而像帕夫洛彼特里那样规划过的城镇却绝无仅有，它是独一无二的。"帕夫洛彼特里遗址占地近3万平方米，据传在公元前1000年左右沉入海底。

帕夫洛彼特里的地理位置最适合作为中转站。当年，特洛伊战争或《伊利亚特》和《奥德赛》史诗中的勇士们登船远征的时候，他们或许就是从帕夫洛彼特里港口出发的。

早在青铜器时代，帕夫洛彼特里就是最繁忙的港口之一，而今的它是深深掩埋在希腊最南端的一个海湾水面4米以下的遗址。1968年，弗莱明对帕夫洛彼特里遗址进行了测量和研究。他发现公元前 1600—前 1100 年的古希腊迈锡尼文明时期的破碎陶器在遗址上散落得到处都是。尽管如此，但是他并没有发现遗址上有码头或港口的任何证明。在这之后的 30 年里，人们对帕夫洛彼特里没有更深的认识。

考古学家认为，许多《荷马史诗》中的历险故事可能与这个古城有着重要的关系。弗莱明认为，这里是否是特洛伊战争中勇士们远征出发的港口还不清楚，至少它应该是荷马时代一个重要的港口城市。弗莱明仔细研究了该地区的海岸线，同时还对当地的传说进行了研究，希望借此找出帕夫洛彼特里沉没的根源。在他看来，地质构造运动是最有可能的原因。

2009 年夏天，英国诺丁汉大学考古学家乔恩带领一个团队重返该地，利用激光定位技术和声呐扫描技术进行了详细探测。他们发现帕夫洛彼特里遗址的规模比之前的发现大得多。除此之外，两块巨型石刻墓碑、一个大型会堂和一些至少是公元前 2800 年前的陶器则是另外的收获。帕夫洛彼特里包括由房屋、庭院、主要街道、墓地和宗教建筑组成的群落。他们还发现了可以追溯到石器时代结束时的陶器，说明这个城镇在大约 5000 年前就存在了，比当初想象的要早 1200 年。他们还对该地进行了大范围考察，发现了超过 9000 平方米的新建筑。最让人惊讶的是可能发现了一座"中央大厅"—— 一个有长方形大厅的巨型丰碑式建筑。这表明这座城镇曾经被精英集团统治过，这座城市的地位也自然不可低估。

直到今日，对于帕夫洛彼特里的沉没仍然解释不清原因。他们猜测海平面变迁、地震造成的地面下降和海啸，以及其他更多的因素都可能导致该城的沉没。但作为世界上最古老的沉没城市，帕夫洛彼特里让人惊叹不已，带着远古时代秘密的帕夫洛彼特里如今还安静地沉浸在海底世界中，等待着人类揭开它的面纱。

[帕夫洛彼特里遗址]

专家对该城进行了声呐扫描，发现其规模庞大，此照片来自 BBC 公司的电视纪录片的影像资料，期待他们有更新的消息传来。

海葬新风尚
海底公墓

2007年美国佛罗里达州诞生了世界上第一个"海底公墓"。从今以后，不管生命是否来自海洋，却可以归于海洋了。

所在地：佛罗里达州

特　点：通过潜水去海底悼念死者，同时海底公墓也成为潜水爱好者的乐园

[海底公墓]

这个"海底公墓"建在佛罗里达群岛附近一个12米深的海底人造礁滩上。鳞次栉比的高耸圆柱和雄伟的雕像仿佛再现了巴洛克时期的罗马城。而那一根根圆柱，正是死者的新家园。它们是由水泥和死者的骨灰混合铸成，每根圆柱中可以容纳16个人的骨灰。当然，如此"风光大葬"的费用自然不菲。把骨灰和圆柱底层混凝土相混合的费用是1500美元，若希望死者骨灰抢占圆柱的制高点，那价格也会上涨，将达到3900美元。当然，如果舍得花上100万美元，还可以享受到更高级别的待遇：一尊雕像中只"供奉"一个人的骨灰。

这个海葬项目的服务对象主要是美国"二战"后"婴儿潮"出生的7600万人。他们大都已经到了风烛残年或已相继离世，而有六七百万人的骨灰都没有找到理想的归宿，只能寄放在壁炉架、碗橱、车库或阁楼中。运营该海底公墓的公司正是从中发现了商机。

除此之外，该公司还开发了公墓的潜水项目。他们相信死者的亲朋会喜欢通过潜水的新奇方式去"墓地"悼念死者，而且对于潜水爱好者来说，此处也会成为水下摄影的新景观，因此海底公墓反而成了一个欢庆生命的场所。

比米尼大墙引发的猜想

比米尼岛

亚特兰蒂斯在哪？没有人能回答，可美国预言家凯西说过：地壳的运动，会使消失的亚特兰蒂斯再度在海底出现，人们没曾想到的是凯西在1933年的预言会在1967年被发现端倪。

1967年，美国飞行员罗伯特·布拉什飞越佛罗里达州海外的比米尼岛上空时，发现附近海域的水面下几米深的地方，有一个长方形的灰色物体，它的几何图形十分完整，酷爱海底考古的他立即意识到这或许是人类的建筑物，于是他拍下了不少照片。

布拉什将这些照片送到了专门研究海底摄影的法国人迪米特里·勒彼科夫手里。布拉什的照片引起了勒彼科夫的极大兴趣，但没有使他感到过分的吃惊，因为他曾经从飞机上也看到同一海域里有一个约400米长的长方形的东西。另外，他还见到有一些笔直的线条以及圆形和形状规则的物体。这一切或许寻找专业人士能够给予真正的解答。于是，勒彼科夫带着照片找到了在迈阿密科学博物馆工作的曼森·瓦伦丁。曼森·瓦伦丁曾是耶鲁大学的教授，同时他又是研究哥伦布发现新大陆以前的美洲文化的专家。他看到照片后，决定亲自去查看一下。

当曼森·瓦伦丁的水上飞机在安德罗斯岛海域上空来回盘旋搜寻时，果然发现了布拉什照片中所拍摄的那个物体。由于这一水域并不太深，而且水的清澈度也比较高，那个物体便清晰地呈现出来了：一道30厘米厚的"墙"，周围积满了泥沙，看上去像一座长30米、宽25米的建筑物的地基。

所在地：大西洋比米尼岛一带海域

特　点：比米尼大墙使用了人类所不知道的物质黏合，海洋总是给科学家们带来很多问题，而且揭晓答案不知道要我们等多久

[比米尼大墙]

为了仔细观察这道"墙"，他们出动了一个名为"M114E"的航行器，利用其广角镜自动摄影机拍摄影像。经过几个月时间的工作，最终发现在水下4～5米的地方，的确有一道"T"形结构的石墙，其高约0.9米，长约70米，并穿过海底淤泥继续以10米宽的模样向远方延伸，断断续续，直到540米远之处仍有发现。石墙由整齐的条石组成，条石边长约5米，厚50～150厘米，是用一种类似水泥的东西黏合起来的。人们把这道宏伟的水下建筑物叫作"比米尼大墙"。

后来，又有科学家在海底发现了许多长10米的四方形长柱子，其质地肯定不是石头，它由一种我们还不了解的未知材料所构成。有一位叫库斯托的法国机长亲自下海，用一架小型排泥器在岩石下排除淤泥后发现，全部岩块都固定在一系列由小型柱子构成的基座上。此外，巴哈马群岛有许多海下洞穴，大多在海面50米以下，里面有许多钟乳石和石笋。实质上，钟乳石、石笋只能由带石灰质的水，在空气中经过几千年的滴落后凝聚而成。可以肯定的是，洞穴所在之处曾经是高出海面的陆地。虽然我们还不清楚它们是什么时候沉入海底的，但专家们对洞壁上取下的海底沉积物进行化验后的结果表明，它们是在12000年前形成的。

或许如华伦坦博士所说："这是古代拥有超级文明的亚特兰蒂斯大陆的遗迹"，这是否为了印证预言家凯西的"亚特兰蒂斯将在比米尼岛一带浮起"的预言，我们不得而知。

[预言家 埃德加·凯西]

埃德加·凯西，大家都称他为"奇迹的超人"。他以不可思议的力量拯救了许多病人，并能同时看穿遥远的过去及将会来临的未来。他的那些奇迹都是在将自己催眠后的状态下得到的。在高达14264件凯西催眠透视记录中，包含了这些病人的种种医疗情报，以及其前世过去及转世后的未来。在催眠透视时，他预言了第二次世界大战的开始及结束。在科技突飞猛进的今天，各国都十分重视由超能力取得的种种资讯，所以，凯西的催眠透视记录被严密地保存着，至今仍有许多学者潜心进行研究。

海底墓葬

特鲁克潟湖水下遗迹

西太平洋的特鲁克潟湖湖底沉睡着"二战"时期数十艘日本舰船和上百架飞机。这是一片渐渐被人遗忘的"海底幽灵墓地"。

特鲁克潟湖就是著名的楚克沉船区，位于密克罗尼西亚联邦知名的热带天堂岛屿群中，此处除了清凉的海水外，还有令人毛骨悚然的水下墓葬群。

"冰雹行动"始末

1942年6月，日本在中途岛战役中失利。鉴于不利形势，日本联合舰队司令官山本五十六将联合舰队司令部迁移至楚克港，该港就此成为日本海军的大本营。为了应付以后更激烈的作战，日本苦心经营着楚克港，将其变成为一个军事要塞，其规模不次于美国海军基地珍珠港，因而也被誉为"日本的珍珠港"。在战争期间，日本联合舰队所在的楚克港一直很神秘。

所在地：密克罗尼西亚群岛东南部

特　点：日美两军交战期间有70多艘日军战船沉没于此。如今这里已被开发为全球最大的船舶墓地和水下博物馆

["冰雹行动"旧照]

1944年4月25日，低挂的层云笼罩在特鲁克潟湖上方，日本船只在湖上航行，美国海军部队在岛上的简易机场里准备出发以摧毁日军在加罗林群岛的要塞。

　　美军开始进行马绍尔群岛战役时，美国太平洋舰队司令切斯特·尼米兹上将马上就意识到楚克港日军的众多飞机将对美军进行的反攻构成严重威胁，于是他决定利用美军的空中优势彻底荡平楚克港的日军，解除楚克港日军的威胁。

　　1944年，美国发起"冰雹行动"，连续炮击日本军队3天，被称为"日版珍珠港"。那次袭击歼灭的70艘舰艇和2/5架飞机全部沉入潟湖底部，因而成就了今天世界上最大的沉船墓地。大部分的沉船残骸近25年无人敢靠近，因为人们担心数千颗沉没的炸弹会被引爆。这个潜水天堂的许多沉船都载满了货物，如战斗机、坦克、推土机、铁路汽车、摩托车、鱼雷、地雷、炸弹、还有收音机和人类遗骸等。在那场战役中死亡人数达3000以上。值得一提的是，据说当时很多日本船员掉落水中，但美国方面拒绝救援，大部分人被溺死。可惜的是日本联合舰队主力在司令官古贺峰一大将的指挥下逃走。

[水下战备资源遗址]

如今的潜水爱好者的天堂

据科学家考证，有 70 多艘"二战"的日本战舰沉船残骸沉没在特鲁克潟湖底部。这些沉船含有大量的有害物质，如成千上万桶石油和化学品以及没有爆炸的武器。然而，因该湖湖底有珊瑚和海洋生物，这里也成了深海潜水爱好者的天堂。不幸的是，很多潜水者下去后没能再上来。所以，在这个海底墓葬群不仅有当年的沉船，也有如今的潜水者的遗骸。

真实版夺宝奇兵

佛罗里达湾

人类的不断发展，不但推动着自身前进，同时还带来巨大的财富，但总有一些原因使财富遗落在某地，它们或者被深埋入地下，或者被深入海底，吸引着人们去完成寻宝的传奇故事。

所在地：佛罗里达湾深海

特　点：海底宝藏的巨大吸引力诱使他去完成夺宝奇兵般的梦想，但终究被宝藏所累，从身价不菲的地产商成为如今只有翡翠的穷人

[事件主角——米斯科维奇]

偶然间获得藏宝图

米斯科维奇是费城的一名地产投资商，平时的爱好是休闲潜水，冒险与他的生活几乎毫不沾边。数年前，他走进时常去喝酒的酒吧，遇到了一个相识多年的潜水员。此人向他出示了一片残破的土陶和一张破旧的地图，号称这是一张藏宝图，自己据此在海底找到了这片土陶"文物"。这个潜水员说，自己时运不济，没钱继续发掘这些宝藏，但愿意把藏宝图转卖给他，让他拥有宝藏。如做梦般的米斯科维奇花了500美元买下这张可疑的地图。此后3年里，他往返费城和基韦斯特，痴迷般地将自己的家产全部投入海底寻宝，到了2008年的金融危机，他仍旧坚持寻宝，哪怕是必须向朋友借钱。就这样，时间到了2010年，在全球定位系统的指引下，他来到藏宝图上记载的沉船所在，却一无所获。他在附近2.5千米处继续搜索，所携带的金属探测器竟然有了反应。米斯科维奇捡到了一块翡翠，他终于找到了宝藏——沉睡在墨西哥湾海底的大量翡翠。

打捞沉睡的宝藏

继上次找到翡翠的探险之后，米斯科维奇又20次往返同一地点，探寻并打捞到大量翡翠。为了确认这是否是真正的翡翠，他携带宝石样本来到纽约，在一家高

档珠宝店里鉴定，结果显示宝石是真的翡翠。

米斯科维奇以已经打捞到的翡翠为样本，说服不少投资商为他的寻宝事业注入数十万美元资金，展开更大规模的打捞。

"我们已经打捞到 36 千克……6.5 万块翡翠，"米斯科维奇说，"惊人的是，每次下潜，我们仍能在那里看见翡翠，那儿的翡翠数量巨大。"

都是宝藏惹的祸

获得了大量的翡翠，米斯科维奇却一直未能出手套现，其原因之一在于无法解开这批宝藏的身世之谜。为了断定这批翡翠的来源，米斯科维奇找到美国宝石学院的专家帮忙。然而除了断定这批翡翠产自哥伦比亚外，专家也无法给出更多信息。

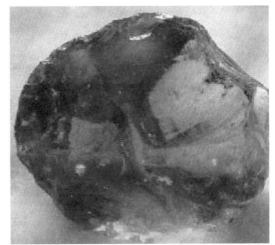

[海底宝石]

这批翡翠不仅没有为米斯科维奇带来财富，反倒使他因此而惹上麻烦。根据美国法律，找到宝藏的人并非宝藏的天然所有者。米斯科维奇为此雇请律师，申请法庭批准他成为这批宝藏的看护者。他本可以在黑市上销售，但却选择正大光明地争取这批翡翠的所有权。

多次努力之后，米斯科维奇终于找到一家公司愿意当代理，一旦弄清所有权即代其销售翡翠。这家公司将翡翠样本送往欧洲做特别鉴定时有了意外发现。鉴定师们发现，这批翡翠已经过珠宝加工者的特殊打磨。米斯科维奇认为，应该对更多翡翠予以鉴定才能下结论。然而，他的投资人拒绝追加资金。自从寻宝以来，米斯科维奇就背负巨额债务，已经拖欠其最初投资人和律师近 1000 万美元。如今他不再坚信宝藏是古代沉船所载货物，但仍希望这批数量庞大的翡翠能为自己带来财富。

有鉴定机构曾对米斯科维奇的翡翠进行鉴定，发现它们已经过珠宝加工者的特殊打磨。这种专业上称为环氧树脂的加工技术能有效增强翡翠的光洁度。鉴于这种技术引入珠宝加工业仅 50 年，这批翡翠的年份可能大大缩短。

Marine Minerals And
Geomorphology

2 海底矿产与地貌

中国南海

谈到能源，人们立即想到的是能燃烧的煤、石油或天然气，而很少想到晶莹剔透的"冰"。然而，自 20 世纪 60 年代以来，人们陆续在冻土带和海洋深处发现了一种可以燃烧的"冰"，在我国南海海底就蕴藏着大量的可燃冰。

所在地：我国南海海底
特　点：水下火的真实
　　　　再现

什么是可燃冰

"可燃冰"是一种由甲烷和水分子在低温高压的情况下结合在一起的化合物，因形似冰块却能燃烧而得名，是一种燃烧值高、清洁无污染的新型能源，分布广泛而且储量巨大。

科学家们甚至宣称它是一种能够满足人类使用 1000 年的新能源，是今后替代石油、煤等传统能源的首选。1 立方米可燃冰可释放出 160 ~ 180 立方米的天然气，其能量密度是煤的 10 倍，而且燃烧后不产生任何残渣和废气。

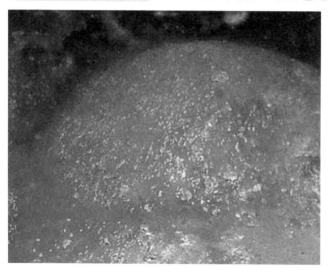

[海底可燃冰]

可燃冰，又名天然气水合物，是一种能满足人类使用 1000 年的新能源，是今后替代石油、煤等传统能源的首选。它是甲烷和水在海底高压低温下形成的白色固体燃料，可以被直接点燃。

可燃冰的发现

早在 1778 年英国化学家普得斯特里就着手研究气体生成的气体水合物的温度和压强。1934 年，人们在油气管道和加工设备中发现了冰状固体堵塞现象，这些固体不是冰，而是人们说的可燃冰。

1965 年苏联科学家预言，天然气的水合物可能存在于海洋底部的地表层中，后来人们终于在北极的海底首次发现了大量的可燃冰。19世纪 70 年代，美国地质工作者在海洋中钻探时，发现了一种看上去像普通干冰的东西，当它从海底被捞上来后，那些"冰"很快就成为冒着气泡的泥水，而那些气泡却意外地被点着了，这些气泡就是甲烷。

据研究测试，这些像干冰一样的灰白色物质，是由天然气与水在高压低温条件下结晶形成的固态混合物。科研考察结果表明，它仅存在于海底或陆地冻土带内。这种纯净的天然气水合物外观呈白色，形似冰雪，可以像固体酒精一样直接点燃，因此，人们通俗而形象地称其为"可燃冰"。

[可燃冰的燃烧]

我国的可燃冰资源现状

可燃冰勘探开发是一个系统工程，涉及众多的学科，如海洋地质、地球物理、地球化学、流体动力学、热力学、钻探工程、地质实验技术和海洋环境等。因此，虽然全球大洋底蕴藏着丰富的可燃冰，但由于开采和提取技术复杂，还可能带来地质、气候灾害，所以多数国家对开采可燃冰仍持谨慎态度。我国南海海域作为可燃冰富集区，是我国科考人员调查的重点之一。

可燃冰点着后，火焰就在手上燃烧，下面滴着水。火焰燃烧手却不烫。这是因为把水合物捧在手里以后，由于压力降低而分解，分解过程中需要吸收大量的热量，水合物的温度不会升高，而是会降下来。虽然冒出的气体燃烧，但水合物本身的温度在下降，所以人的手不会烫。

海底草原

南海海草场

说到草原，人们脑海里会浮现"风吹草低见牛羊"的情景，这是陆地草原最真实的写照，而海底草原虽然没有"牛羊"，但在其中生活的海洋生物较之陆地更加丰富多彩。

所在地：中国南海

特　点：海南岛东岸沿线多处，碧蓝清澈的海底生长着翠绿茂盛的一片片海底草原，面积分别为 3 ~ 5 平方千米

[海底草原]

海草像陆上的植物一样，没有阳光就不能生存。海草从海水中吸收养料，在太阳光的照射下，通过光合作用，合成有机物质（糖、淀粉等），这使它仅能生活在浅海中或大洋的表层，大部分海草只能生活在海边及水深几十米以内的海底。

我国海南岛东部沿海，有几处面积为 3 ~ 5 平方千米的海草场，海草分布在海底水深 2 米左右位置，海草最高 1.5 米，主要有喜盐藻、海菖蒲、泰莱草、二药藻 4 个品种。

海草是海洋动物的食物。有些海洋动物是食草的，另外一些是靠吃"食草"动物来维持生命的。海草根系发达，有利于抵御风浪对近岸底质的侵蚀，对海洋底栖生物具有保护作用。同时，通过光合作用，它能吸收二氧化碳，释放氧气溶于水体，对溶解氧起到补充作用，改善渔业环境。更重要的是，它能为鱼、虾、蟹等海洋生物提供良好的栖息地和隐蔽保护场所，极个别种类海草还是濒危保护动物儒艮的食物。海草场保护生物群落的作用不可忽视。

除了海南海底草原外，我国文昌高隆湾沿岸港湾、沙泥质海底的礁坪内侧也分布约 4 平方千米的海草，这里还发现了仙掌藻、密岛仙掌藻等在海南沿海罕见的热带种类。琼海龙湾港一带海域沙泥质海底礁坪内侧则分布大面积海草床（5 平方千米左右），但生长稀疏，叶面上有沉积污物，颜色发暗，部分叶出现腐烂，说明生态环境遭受了一定破坏。海洋中的海草与红树林、珊瑚礁一样，是巨大的海洋生物基因库，是海洋高生产力的象征，同时也具有重要的生态价值。

海底沙漠

台湾海峡

海底沙漠是指台湾海峡海底存在的"台湾浅滩"，这片"海底沙漠"的沉积物由中细沙组成，其中含有数量较丰的贝壳碎片、海滩岩和玄武岩砾等，总面积约 1.5 万平方千米，其蕴含数百万亿立方米的海砂，可满足海峡两岸百余年的建筑用沙。

"海底沙漠"的称呼源自蔡爱智教授的论文，他指出，"海底沙漠"只是一个形象的比喻，它实际是指存在于台湾海峡的一处广阔浅滩。由于浅滩上分布着储量丰富的海砂，且砂层一直在巨大暴风浪和合成海流的作用下处于改造和运动状态，浅滩上几乎没有或极少底栖生物，因此可以被称为"海底沙漠"。

1988 年，蔡爱智教授乘坐海洋科学考察船，到台湾海峡进行调查研究。当他通过海底电视进行观测时，画面总是不稳定。他让助手告诉船长，让船抛锚，否则船老是在移动，观测工作就没法顺利进行。结果助手告诉他，船早已抛锚好几个小时了。这时蔡教授突然意识到，船既然还在移动，海底可能是沙地。因为在沙地上锚沉不下去，当船体给予一定的拉力时，锚就会被拖走，使船只无法固定。

后来根据现代仪器的帮助，加上采集的沉积样本和资料，蔡教授确定了"海底沙漠"的存在。台湾浅滩的沉积物是由分选优、磨圆度很好的中细砂组成，相比河砂，海砂的价格要更加便宜，但在使用上也存在很大的局限。首先，在海水环境下，海砂的盐分很高，造成它的黏着力不够，如果要用在建筑上，需要进行脱盐处理。另外，海砂中含有的大量贝壳也影响了它作为建筑材料使用。尽管如此，海砂的开发和利用还是很有必要的。

所在地：台湾海峡

特 点：台湾海峡大量夹杂贝类的细砂，虽没有任何生物居住，但其经济价值不可估量

[海底沙漠]

海底森林

福建漳江口

福建省云霄县漳江口的天然红树林保护区，是我国保护最好、树种最多的一处海底森林，红树林高低参差不齐，涨潮时被海水吞没，只有高一些的（最高可达5米）微露树冠，随波摇曳。落潮之后，茂密的海底森林就展现在眼前。

所在地：中国福建省

特　点：福建漳江口红树林国家级自然保护区位于福建省漳州市云霄县漳江入海口，是福建省最重要的湿地生态系统类型的国家级自然保护区

......

[漳江口红树林省级自然保护区纪念碑]

红树林素有"海底森林"的美誉，不仅其根系盘根错节，还有"胎生"现象，胚轴可长达20～40厘米，琳琅满目悬挂在树冠丛中。而云霄县漳江口两岸的红树林，是北回归线北侧种类最多、生长最好的红树林天然群落。由最早的仅存390亩，已增至2360公顷，成为福建省分布面积较大、种类较多的红树林资源分布区。

漳江口红树林会随着潮水高低有不同表现：高潮时，海水浸淹滩涂，红树林仅有各丛树冠露出海面，如同碧波荡漾中的一座座"绿岛"，在水中漂浮摇摆；低潮时，植株犹如巨人挺立在海滩。各种水鸟或集群飞翔，或分栖树梢，或独自漫步浅滩，或成群在水面游嬉。同时，潮间带各种海洋动物频繁活动，弹涂鱼蹦跳林下，招潮蟹神出鬼没。渔民们利用各种渔具捕捞海产品，整个红树林海岸呈现一派生机勃勃的景象。

漳江口红树林国家级自然保护区呈现出多样性、稀有性、典型性、过渡性和天然性的特点：

（1）生态系统多样性。保护区位于漳江入海口，为河口滩涂湿地，周边为农耕地，气温较高，雨水较多，湿度中等，气候适宜，为各种野生动植物提供了多种生境，形成了多样化的生态系统。由于生态系统的多样性，与之相适应的就形成了物种多样性。

（2）野生动植物稀有性。保护区不但有丰富的物种资源，还分布有许多具有重要科研、经济、文化价值的珍稀、濒危野生动植物种类。据统计，保护区内有属于国家重点保护的野生动物 21 种，其中国家一级保护动物 2 种，国家二级保护动物 19 种；"三有"动物 162 种；世界自然保护联盟（IUCN）（1996）名单中的极危物种（CR）1 种、濒危物种（EN）6 种、易危种（VU）2 种；属于濒危野生动植物种国际贸易公约（CITES）（1995）附录 I 的有 10 种、附录 II 的有 14 种、附录III 的有 6 种；属于国际候鸟保护协定中日、中澳候鸟保护协定分别为 77 种和 41 种。同时保护区内还分布有 6 种红树植物，特别是成片分布的白骨壤林。此外，保护区内还有大面积的桐花树林和一定面积的秋茄林。

[漳江口国家级自然保护区红树林石碑]

（3）过渡性。从植物区系看，保护区的植物属于泛北极植物区与古热带植物区两个植物区系的过渡地带，这里成为木榄、海漆、卤蕨的分布北界。从动物区系看，保护区内的脊椎动物组成以东洋界种类为主，而在东洋界种类中，表现为华南区的种类占优势，华中区的种类其次。古北界物种较少。因而具有过渡性。

（4）天然性。保护区内拥有我国天然分布最北的大面积的红树林，面积达 117.9 平方米，占福建省天然红树林面积的 48%。

海底的金、银矿藏

海底烟囱群

海底烟囱可反映热液作用不同阶段的物质来源和温度条件，其附近水温达300℃以上，但周围生长有许多奇特的蠕虫、贝类生物群体。这种生物现象被认为是当代生物学的"奇迹"，已有不少学者以此探索生命的起源和演化。

所在地：深海

特　点：经过十几年或几十年便能形成陆地中上百万年才能形成的矿产，海底总是能够带给我们无尽的惊叹

深海蕴藏着无穷的奥秘，1977年，当两名美国科学家乘坐深潜器下潜到水下2500米的加拉帕戈斯裂谷海底时，发现了海底热液喷发的壮观而奇特现象。喷出的热液温度高达350℃，与周围约2℃的海水混合后，迅速形成了黄铁矿、黄铜矿、磁黄铁矿、闪锌矿和硬石膏等硫化或硫酸盐矿物，接着形成一个个耸立于海底之上的固定柱状物，这些柱状物上有一个或多个喷口处，一部分没能沉淀下来的硫化物或硫酸化物颗粒混合着大量海水继续在海水中上升，形似滚滚的黑烟，因此通常将这些海底热液喷口称为海底"黑烟囱"。

什么是海底烟囱

海底黑烟囱是海底烟囱的一种，又称海底烟筒。在大洋中脊或弧后盆地扩张中心的热液作用过程中，由于热液与周围冷的海水相互作用，使热液喷出口附近形成几米至几十米高的羽状固体——液体物质柱子，因形似烟囱而得名。因组分和温度差异，会形成黑、白两种不同的烟囱。

一般海水温度达300～400℃时，形成黑烟囱，其是因暗色硫化物堆积而形成的，主要矿物质有磁黄铁矿、闪锌矿和黄铜矿；而温度为100～300℃时，则形成白

[海底"黑烟囱"]

烟囱,主要由硫酸盐矿物(硬石膏、重晶石)和二氧化硅组成,在烟囱附近散落有暗色硫化物和硫酸盐矿物并形成基地小丘、分散小丘等。

人们很难想象,在完全缺乏阳光的深海热液喷口周围竟然还栖息着茂盛的生态群落,这一发现彻底打破了人们认为的深海生命极度匮乏的传统观念。它还展示了痂上块状硫化物多金属矿床的形成过程,成为 20 世纪最重要的发现之一。

海底"黑烟囱"是地壳活动在海底反映出来的现象。它分布在地壳张裂或薄弱的地方,如大洋中脊的裂谷、海底断裂带和海底火山附近。

海底"黑烟囱"是怎样形成的

冷的海水沿着海底岩石的断裂处、裂隙向下渗透可 2000 ~ 3000 米,在下渗的过程中被岩浆等热源加热,增加了它对金属的溶解能力,并把围岩中多种金属元素淋滤出来。随后又沿着裂隙上升喷出,从"烟囱"口冒出的液体,温度可达 350℃,与冷的海水混合后,由于化学成分和温度的差异形成浓密的"黑烟",这些黑烟都是金属硫化物的微粒。这些微粒往上升不了太高,就像天女散花般从"烟囱"顶端四散落下,沉积在"烟囱"四周,形成硫化物和硫酸盐组成的硫化物山丘。当"烟囱"升到一定高度后,"烟囱"发生孔道堵塞、风化和崩塌,随着其倒塌面积的扩大,其丘体也变得越来越大,逐渐形成多金属硫化物矿床。

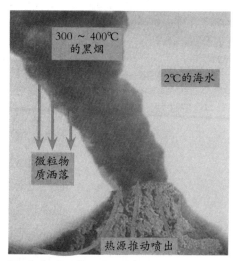

[海底"黑烟囱"形成原理]

人们过去所知的天然成矿历史,是以百万年来计算的。现在开采的石油、煤、铁等矿,都是经历了若干万年后才形成的。而在深海海底,一个"黑烟囱"从开始喷发到最终"死亡"只需十几年到几十年,就可以累计造矿近百吨,而且这种矿基本都没有土、石等杂质,都是些含量很高的各种金属的化合物,稍加分解处理就可以利用。

北冰洋极北地区海域发现了被称为海底"黑烟囱"的热喷泉,它们能喷"金"吐"银",形成海底矿藏。

[现代化远洋考察船——
大洋一号]

大洋一号是目前中国第一艘现代化的
综合性远洋科学考察船，也是我国远
洋科学调查的主力船舶。

海底"黑烟囱"还能吐"金"、吐"银"

海底"黑烟囱"及其硫化物矿产因和海底成矿、生命起源等重大问题有关而成为国际科学研究前沿。但因海底"黑烟囱"分布在海底，仅有美、德、法、加、日和我国等少数国家有能力开展研究。

我国科学家经过长期不懈的野外"追踪"，终于在世界上首次发现完整的古海底"黑烟囱"，这些亿万年前生长在海底的"黑烟囱"不仅能喷"金"吐"银"、形成海底矿藏，而且很可能和生命起源有关。目前，该课题组正和英、美等国科学家合作，围绕海底"黑烟囱"开展微生物化石研究，探索极端条件下的生命活动，以进一步探索地球早期的生命起源。

鉴于海底烟囱都藏在深海海底，世界各国都在借助深潜机器人，探索这种未知的宝藏，我国也不例外。2011年我国自主研发的3500米无人缆控潜水器（ROV）首次在南大西洋中脊完成海底硫化物作业，标志着中国大洋科考进入机器人时代。该ROV系统是中国大洋协会委托研制的一套大型深海作业系统，最大工作深度3500米，具有自动定向、定高和定深航行功能，可用于3500米以上的大洋海底科学考察，是海底热液活动和硫化物精细调查的必要装备。

海底火山沉积矿物床
多地震带海域

海底矿床是一种含有多种矿物质的集合体，多数由热液喷涌呈现的烟囱状物质堆积而成。

矿床是地表或地壳里由于地质作用形成的并在现有条件下可以开采和利用的矿物的集合体。一个矿床至少由一个矿体组成，也可以由两个或多个，甚至十几个乃至上百个矿体组成。

海底矿床种类丰富，如在山东莱州海底 2000 米深处曾发现一个超大型的金矿，该金矿储量高达 470 多吨；冲绳久米岛附近海域发现了金属沉淀而成的海底热水矿床，含有较多的铜，矿石中还发现了铅、锌、金、银及微量的稀有金属镓。

众所周知，日本素来被人们称为"火山之国""地震之邦"，其特殊的地理地质环境导致其周边海域的火山活动异常活跃。同时，富含岩石金属的热水也从地下喷涌而出。因此，受到了海水的冷却后，经过多年的沉淀便形成了海底热水矿床。

20 世纪 70 年代，日本相关部门便利用潜艇对海底深处活跃的热水活动进行了首次勘测。近年来，海底矿床资源再次引起了日本研究学者们的广泛关注。同时，据日本海洋研究开发机构的调查发现，在冲绳本岛海域的"伊平屋北海丘"附近发现了大规模的"黑矿"。由于其中含有铜、铅、锌、金和银等丰富的矿物质，很有可能成为开发前景广阔的矿床资源。

所在地：多地震带海域

特　点：不同区域的海底矿床的矿产各不相同，有金矿、银矿、铜矿等

[海底金矿]

海底矿产与地貌

刷新世界纪录的蓝洞

西沙群岛蓝洞

传说齐天大圣所用的如意金箍棒来自此地,当孙悟空将定海神针拔去,只留下了深不可测的龙洞,这便是西沙群岛的蓝洞,而据最新测算的数据显示,该洞深达300.89米,创世界之最,成为世界最深的海洋蓝洞。

所在地:中国南海
特　点:世界最深的蓝
　　　　洞花落我国西
　　　　沙群岛龙宫

我国西沙群岛永乐环礁的海洋蓝洞被证实为世界上已知最深的海洋蓝洞,该蓝洞被命名为"三沙永乐龙洞"。海洋蓝洞是地球罕见的自然地理现象,从海面上看蓝洞呈现与周边水域不同的深蓝色,并在海底形成巨大的深洞,被科学家誉为"地球给人类保留宇宙秘密的最后遗产"。此前世界上已探明的海洋蓝洞深度排名为:巴哈马长岛迪恩斯蓝洞(202米)、埃及哈达布蓝洞(130米)、洪都拉斯伯利兹大蓝洞(123米)、马耳他戈佐蓝洞(60米),"三沙永乐龙洞"深度大幅刷新了世界海洋蓝洞深度新纪录。

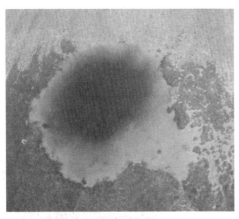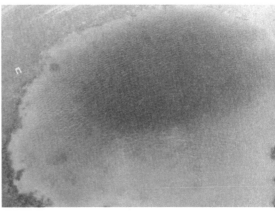

[三沙永乐龙洞]

我国南海孕育出许多的奇迹,而蓝洞是海洋中比较神秘的洞穴,里面浑浊不清,大多数海洋生物在蓝洞里无法生活,因此蓝洞便成了生命禁区。

深海龙宫

"三沙永乐龙洞"有着悠久的传说，海南渔民称此处是定海神针所在，孙悟空拔去定海神针，留下深不可测的龙洞；也有渔民说龙洞是南海的眼，藏有南海的镇海之宝……总之，渔民对这个地方不敢靠近，避而远之。

我国曾对当地进行军事测绘，而测绘部队听说后非常好奇，觉得有责任搞清楚。于是第二天说服渔民乘小船带着他们来到这个地方，只见在礁盘绿色浅海中有一片半径200米大的墨蓝色海水，阴森森的，非

[富饶的西沙海底]

常恐怖。大家抑制着紧张心情将渔船划到洞边准备测深度，士兵用绳子挂上测深锤放下水去，结果200米绳子放完了也未到底……这时起了风，舢板剧烈摇动，他们只好赶紧回来。后来忙于其他任务，再也没去测那个洞。

如今的世界之首

2015年8月至2016年6月，西沙航迹研究所通过

使用声呐旁扫设备、电子计数铅垂、深海海流仪、深海水质分析仪、水下机器人、水下摄影摄像设备等器材装备，采用科学器材探测与人工潜水观察测量相结合的方法，成功探明蓝洞深度和基本形态。经过探查，"三沙永乐龙洞"基本为垂直洞穴，蓝洞深度为 300.89 米，口径为 130 米，洞底直径约 36 米，尚未观测到蓝洞内与外海联通，洞内水体无明显流动。通过目测，洞内上层发现与周边海域相似的 20 多种鱼类和其他海洋生物。

三沙市政府指出，"三沙永乐龙洞"具有极高的科学研究价值和历史文化价值，是中国政府和人民长期坚持生态环境保护的见证。

[富饶的西沙海底]

海洋无底洞

爱奥尼亚海

在地中海东部的爱奥尼亚海，有一个许多世纪以来一直在吞吸着大量海水的"无底洞"。由于无底洞濒临大海，每当海水涨潮时，汹涌的海水便会排山倒海般涌入洞中。

曾有人怀疑，爱奥尼亚海的无底洞会不会是类似石灰岩地区的漏斗、竖井、落水洞一类的地形。那样的地形，不管有多少水都不能把它们灌满。不过，这类地形都会有一个出口，水会顺着出口流出去。然而从20世纪30年代以来，人们做了多种努力，却始终没有找到它的出口。

1958年美国地理学会派出一支考察队赶赴希腊亚格斯古城的海滨，寻找无底洞的出口。考察队员们先把一种不易变色的深色染料放入海水中。接着，考察队员们分头去观察附近的海面和岛上的河流、湖泊，看看有没有被这种染料染了颜色的海水。可是，所有的地方都没有发现被染料染了颜色的海水。

难道是有颜色的海水被稀释得太淡了，以至人们根本看不出来吗？几年以后，他们研制出一种浅玫瑰色的塑料颗粒。这种塑料颗粒能够漂浮在水面上不沉底，也不会被海水溶解。这一天，考察队员们又来到那个无底洞，把130千克肩负特殊使命的塑料颗粒都倒进了海水里。片刻工夫，所有的小塑料颗粒全部被无底洞吞没。他们设想，只要有一颗塑料颗粒在别的地方冒出来，就可以找到无底洞的出口。结果却令人大失所望，考察队员们在各地水域里整整找了一年多的时间，却连一颗塑料颗粒也没有找到。

所在地：地中海东部的爱奥尼亚海

特　点：科学家至今未解之谜

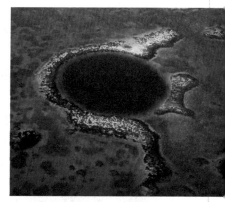

[海洋无底洞]

至今谁也不知道为什么这里的海水竟然会没完没了地"漏"下去，这个"无底洞"的出口又在哪里。地中海"无底洞"成了千古之谜。

海底原始森林

北海海底

深海海底从来都不是安静沉闷的，它有着属于自己的传奇，以独有的方式记录着地球数百万年的历史。谁能想象得到，上万年前的原始森林出现在海底？它就像《魔戒》或《霍比特人》中的场景一样，亦真亦幻。

所在地：英国北海海底
特　点：海底的原始森林绵延
　　　　数百千米，如电影中
　　　　的魔幻世界

[海底原始森林]

近年来，在欧洲北海海底发现了大量的自然景观，这些海底自然景观曾流淌着河流、湖泊和海洋，而现今却安静地躺在海底世界，仅能够通过水下勘测数字绘图被发现。科学家认为位于北海海底保存完好的水下景观是遍布欧洲的远古文明废墟的中心地点。

发现这一切的英国 45 岁潜水员道恩·沃特森已经在北海潜水 16 年了，对于这一奇迹的发现，她自己也非常激动。

沃特森是英国海洋保护协会的一位项目负责人。起初因为这片海岸线很难潜入，她才决定稍微潜远一些。就在她离开沙滩 300 多米后，突然发现一些长长的黑色脊状物，惊讶间她慌忙潜近仔细查看，这才认出来那些是树干，树干的顶端还有许多树枝。整体看上去，树木都如同"卧倒"了一般。她推测这些树木仅是一片巨大森林的一部分，森林面积达到数千亩。如今这些倒下的树木已形成天然暗礁生态圈，成群的小鱼和植物在这里栖息繁衍。

研究显示，这片原始森林已在水下静静躺了 1 万多年，其历史或可追溯到冰河时期。北海位于欧洲大陆的西北部，是大西洋的边缘海。在最繁盛时期，这片森林可能与欧洲大陆相连。海床上横躺着长达 8 米的橡树，能清晰地看到其枝丫结构，这番场景着实让人大吃一惊。这就像《霍比特人》或《魔戒》里的场景，是一个我们未知的世界，地理学家都为之兴奋，这真的是一个奇迹般的发现。

神奇的海底瀑布

丹麦

世界上最高的陆地瀑布是安赫尔瀑布。这条大瀑布从高耸的峭壁上飞流直下，落差达 979 米，比世界闻名的尼亚加拉瀑布高 15 倍。然而这样大的瀑布与海底大瀑布比起来，就变得不值一提了。

陆地最高的瀑布是地处委内瑞拉的安赫尔瀑布，其落差为979米，每秒有1.3万立方米的水直冲而下，而海底最大的瀑布位于丹麦海峡海面之下，它每秒携带500万立方米的水飞流直下200米，水量之大十分惊人，相当于在一秒钟内将亚马孙河水全部倒入海洋的流量的25倍，深海瀑布的水体形成了北大西洋深层水。

所在地：丹麦海峡海底
特　点：海底瀑布宽200
　　　　米，瀑布落差
　　　　3500米，是世
　　　　界上最高的陆地
　　　　瀑布的 3 ~ 4 倍

意外的惊喜

海洋学家在格陵兰岛沿海的航线上测量海水流动的速率时，无意中发现了这个瀑布。当科学家们把水流计沉入海中后，水流计连续被强大的水流冲坏。后来发现，这里的水流汹涌，是由于巨大的海水从海底峭壁倾泻而下造成的。形成的瀑布宽约 200 米，深 200 米，瀑布达3500 米的落差，但人类还无法目睹这一海底奇观。

奇妙的现象

有趣的是，丹麦海峡大瀑布以及其他的海底瀑布，具有控制不同地区海洋的水温及含盐度的奇妙作用。正像一个平底锅中水的环流那样，如果

[丹麦海峡]

[Google 地图上毛里求斯的海底瀑布]

印度洋岛国毛里求斯的西南端有一个令人着迷的景观,因为海洋深度的急剧下落,让这里看起来像出现了一个海底瀑布一般,这里被多次评为地球上最诡异的景观之一。

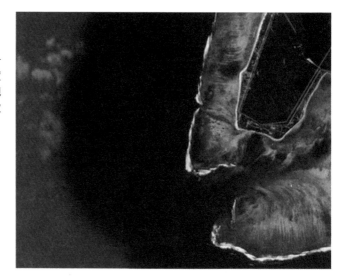

印度洋毛里求斯岛的"瀑布"并非海中的瀑布,而是阳光反射海底的流动泥沙制造出的错觉而已。毛里求斯岛位于印度洋上,靠近非洲旁的马达加斯加,首先是由阿拉伯的探险家所发现的,也曾经是葡萄牙、法国、英国、荷兰的殖民地。

平底锅一端被加热,而另一端是冷的,那冷端的凉水将迅速沉到锅底并向热端扩散。若锅底出现了"海底山脉"或"山脊",大量冷水将聚积在山脊背后,最终冷水会溢出而形成瀑布。

由于倾下的冷水会与较热的水混合并很快扩散,这样海底瀑布就能促使北极海区低温、含盐量大的海水向赤道附近的暖区不停地流动。

人类早在 100 多年前就指出,在海洋深处有规模宏大的海底瀑布。由于各种条件的限制,直到 20 世纪 60 年代以后,依靠电子仪表的帮助,科学家们才得以对这种世界奇观的存在进行核实。经考察发现,海底瀑布的产生是海水对流运行的直接结果,流体的运动驱使了热量的转移。海底瀑布乃是海底垂直地形引起的海水下降流动,在维持深海海水的化学成分和水动态平衡中起着决定性的作用,并且影响着世界气候变化和生物生长,具有十分重要的意义。

那么,海底瀑布是否只出现在北半球呢?它的存在是仅具有"加热平底锅"的作用,还是另有奇妙的用途?这些问题还有待海洋学家进一步研究和论证。

海底山脉

大洋中脊

大洋中脊的发现可以追溯到1872年英国"挑战者"号的全球调查活动。利用测深锤，"挑战者"号上的科学家们发现大西洋中部有一个巨大的隆起。1925—1927年，在德国"流星"号考察期间，科学家利用回声探测仪再次确认了这条山脉的存在，并发现这条位于大西洋底的山脉竟然通过好望角延伸到了印度洋。

1925年，德国著名化学家弗里茨·哈伯通过实验发现了海底山脉。他在"流星"号上安装了一台"回声探测仪"，希望通过这台新设备获得更多更详尽的海洋资料。在使用回声探测仪后，他惊奇地发现，在大西洋中部的某些海域，不是人们想象中的变深了，而是非常之浅。也就是说，在大西洋的中部，有一段洋底是一块规模不小的凸起的高地，这个新发现令哈伯感到意外和吃惊，因为，过去人们一直认为，大西洋中部肯定是又深又平坦的，怎么会有凸出洋底的高地呢？因为有了新的发现，哈伯便改变了自己的研究方向，把从海洋中淘金的事放置在一边，集中精力收集大西洋洋底的深度资料。

之后的几年，他做了几万次的试验，终于找到了海底山脉的"两极"。这座大西洋海底山脉源于冰岛南端大洋中部，一直延伸至南极，曲曲弯弯长达10000多千米。山脉走向与大西洋形态一致，也呈"S"形。海底由一系列平行山组合在一起，而露出海面的部分，则组成了珍珠般的岛屿，如冰岛、亚速尔群岛、圣赫勒拿岛与特里斯坦—达库尼亚群岛等。然后，人们难以想象，这座海底山脉，还只是全球海底山脉中不起眼的一部分。

所在地：大西洋海底
特　点：海底热岩浆的巨大的力量将海底堆积出山脉，而海浪巨大的冲击力，再将其逐渐冲平，如此循环往复，形成了如今的海底山脉

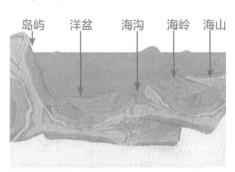

[海底地形架构示意图]

德国著名化学家弗里茨·哈伯通过实验，发现海水中能提取黄金。尽管提取的办法十分复杂。这位化学家研究发现，在1立方千米的海水里含有5吨左右的黄金，只要处理10立方千米的海水，就可以得到50吨黄金。大西洋中的海水很多，"一战"后德国战败的赔款完全可以通过从海水中提取黄金来实现。他把自己的新发现报告给了政府。很快，德国政府专门为这位化学家配备了一艘当时最先进的海洋调查船——"流星"号。

海底山脉绵延于海底的大洋中脊和海岭。大洋中脊是纵贯世界大洋的洋底山系，全长8万多千米，在构造上为板块的生长扩张边界。世界大洋的海底山脉总面积等于五大洲全部陆地面积之和。其中，像夏威夷群岛就是中太平洋海底山脉的一部分。它最高处超出水面4200多米，在水下6000米深处才能找到它的底部，也就是说，这座海底山脉的高度在10000米以上，至少比陆地最高的珠穆朗玛峰还要高出1000多米。

那么为什么会有海底山脉的出现呢？

科学家解释，海底地壳下的岩浆对流活动时，地壳出现裂缝，岩浆沿着这些裂缝喷发到海底表面，形成了纵横数千千米的海底高原和海底高地。在这些高原和高地上，又升起一座座海底火山。经过漫长的岁月，火山岩便堆积成今天的海底山脉。中太平洋的海底山脉和东

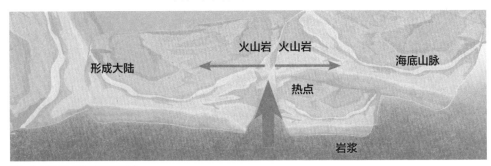

[海底山脉形成原理示意图]

哈伯的新发现，虽然在理论上能成立，但要提炼50吨黄金，却要加工10亿吨的海水。也就是说，黄金在海水中的含量太低，要想从中提取有价值的黄金，不要说在当时，就是在科学技术水平比那时高了许多的现在，要实现从海水中提取黄金也是十分困难的。虽然哈伯没能如期提炼出黄金，但是他通过努力，不仅发明了"回声探测仪"，也使海底山脉得以被发现。

太平洋的海底高原都是这样形成的。

在海底山脉中还有一些奇特的山，它们的上半部分像被一柄巨斧砍去，山顶平平，这种海底平顶山至少有1万多座，像在威克岛的正南方就有一座，高达4300米。那问题来了，是什么力量把山顶削没了呢？对于这一问题的答案，专家给出的解释是，凶手是海浪。当海底火山不断喷发、增高露出海面成为岛屿时，凶猛的海浪便对它进行猛烈冲击，力量大得惊人。

据测算，像黑海那种海浪冲击力，足以将欧洲北海的赫耳果兰岛，从1072年的900平方千米变成现在的1.5平方千米。

海底油气库

海洋盆地

从 20 世纪开始，探索海底石油资源的技术得到了突飞猛进的发展，源于地壳的变迁，海底石油有巨大的存储量，据悉，目前海底原油产量约占世界总产量的 1/4。

海底石油和天然气是埋藏于海洋底层以下的沉积岩及基岩中的矿产资源之一。它们开采始于 20 世纪初，但在相当长时期内仅发现少量的海底油田，直到 20 世纪 60 年代后期海上石油的勘探和开采才获得突飞猛进的发展。

所在地：世界范围内的海洋盆地

特　点：目前，世界最著名的海上产油区有波斯湾、委内瑞拉马拉开波湖、北海、墨西哥湾。海上天然气的储量以波斯湾第一，被称为"石油海"；北海第二；墨西哥湾第三。中国大陆架的海底石油产量远景很大，很有可能成为将来的"石油海"

渤海是我国第一个开发海底油田的海域，渤海大陆架是华北沉降堆积的中心，大部分发现的新生代沉积物厚达 4000 米，最厚达 7000 米。这是很厚的海陆交互层，周围陆上的大量有机质和泥沙沉积其中，渤海的沉积又是在新生代第三纪适于海洋生物繁殖的高温气候下进行的，这对油气的生成极为有利。由于断陷伴随褶皱，产生一系列的背斜带和构造带，形成各种类型的油气藏。

在某些被动大陆边缘的外侧，巨厚的陆缘沉积物延伸至深洋区，可能有一定油气远景，如北美东部、阿根廷、南极洲和非洲西部岸外的深洋区。

海底石油和天然气如何形成的

海底石油和天然气是一对"孪生兄弟"，它们多栖身在海洋中的"大陆架"和"大陆坡"底下。

在几千万年甚至上亿年以前，有的时期气候比现在温暖湿润。在海湾和河口地区，海水中氧气和阳光充足，加之江河带入大量的营养物和有机质，为生物的生长、繁殖提供了丰富的"食粮"，使许多海洋生物（如鱼类以及其他浮游生物、软体动物）迅速大量地繁殖。据计算，全世界海平面以下 100 米的水层中的浮游生物，其遗体一年便可产生 600 亿吨的有机碳，这些有机碳就是生成海底石油和天然气的"原料"。

但是，仅有这些生物遗体还不能形成石油和天然气，还需要一定的条件和过程。海洋每年接受 1604 亿吨沉积物，特别是在河口区，每年带入海洋的泥沙比其他地区更多。这样，年复一年地把大量生物遗体一层层掩埋起来。如果这个地区处在不断下沉之中，堆积的沉积物和掩埋的生物遗体便会越来越厚。被埋藏的生物遗体与空气隔绝，处在缺氧的环境中，再加上厚厚岩层的压力、温度的升高和细菌的作用，便开始慢慢分解，经过漫长的地质时期，这些生物遗体就逐渐变成了分散的石油和天然气。

生成的油气还需要有储集它们的地层和防止它们跑掉的盖层。由于上面地层的压力，分散的油滴被挤到四周多孔隙的岩层中。这些藏有油的岩层就成为储油地层。有的岩层孔隙很小，石油"挤"不进去，不能储积石油。但是，正因为它们的孔隙很小，才成为不让石油逃逸的"保护壳"。如果这样的岩层处在储油层的顶部和底部，它们就会把石油封闭在里面，成为保护石油的盖层。

海底石油和天然气都存储在哪里

海底石油和天然气存储在世界大洋中，深海洋盆与小洋盆的油气远景有明显的不同。

深海洋盆区上覆沉积层一般较薄（平均为 0.5 千米），有机质含量较低，地温偏低，地层多呈水平产状，沉积物粒度细等，缺乏良好的储集条件。大洋中脊顶部虽然地温高，但沉积层极薄或缺失。因此，90％的深海洋底缺乏油气远景。一些由大陆边缘延伸至洋盆区的海岭，如鲸鱼海岭、科科斯海岭和纳斯卡海岭等，其附近可堵截形成较厚的沉积层，可望含有油气。洋盆中的微型陆块及其周缘海域，一些火山岛和的周围海域，也可能含有油气。

海底石油和天然气资源量如何

近 20 年来，世界各地共发现了 1600 多个海洋油气田，其中 70 多个是大型油气田。目前已开发的近海油气田主要有中东波斯湾的背斜圈闭型油气田，美国墨西哥湾和西非尼日利亚的三角洲相沉积滚动背斜型油气田和盐丘构造型油气田，委内瑞拉马拉开波湖的断块型油气田，欧洲北海南部的二叠系断裂背斜气田、中部的第三系背斜油气田和北部的侏罗系倾斜断块－潜山油气田，东南亚在印尼、马来西亚、文莱和泰国湾亦已发现了一系列第三系背斜油气田。

众所周知，随着世界工业和经济的高速发展，矿产资源消耗量急剧增加，陆地矿产资源在全球范围内日趋短缺、衰竭。人们唯有把占地球表面积 71％以上的海洋作为未来的矿产来源。

我国东海大陆架宽广，沉积厚度大于 200 米。东海是世界石油远景最好的地区之一；东海天然气储量潜力可能比石油还要大。南海大陆架，是一个很大的沉积盆地，新生代地层约 2000 ～ 3000 米，有的达 6000 ～ 7000 米，具有良好的生油和储油岩系。生油岩层厚达 1000 ～ 4000 米，已探明的石油储量为 6.4 亿吨，天然气储量 9800 亿立方米，是世界海底石油的富集区。

海底下的太阳

海底热熔岩

万物生长靠太阳，地球上的一切生命都是靠太阳光维持的，这是人类的常识。但当科学家在太平洋海底裂谷附近考察时，一个旺盛的生态环境打破了原有生命靠太阳维持的思维。

所在地：加拉帕戈斯群岛海域海底

特　点：一个依靠内热而维持的深海海底"生命绿洲"

数年前，科学家在加拉帕戈斯群岛海域的海底裂谷附近考察时，在深达 2500 米以下的深海海底，发现了成群的蛤、蟹、巨贝、蠕虫和其他生物，它们的生命力非常旺盛，形成了一个让人不可思议的"生命绿洲"。深海海底，这是一个不依阳光生存的独特的生态系统。这究竟是怎么回事？遗憾的是，这次考察没有生物学家随同，无法进行研究。

时隔不久，科学家们再度来到这里，终于揭开了这个谜。原来，海底裂谷通常聚集着大量的热熔岩，以至生成热喷泉。它使附近的水温急骤上升，在海底高压下，喷泉中的硫酸盐变成了硫化氢。就是这种对生物有毒的硫化氢，在这里竟成了某些细菌必不可少的能源，促使细菌在喷泉口大量繁殖，为生命绿洲中的生物群落提供了食物，从而形成一个不靠阳光，而依存于地球内热的独特生态系统。

[海底裂谷]

因此，有人把硫化氢比作地底下的"太阳"。这种地底下"太阳"的存在，向人们提出了这样一个新课题：全世界海底裂谷长达 4100 海里，其中有无数热泉喷口，总共有多少个神秘的"生命绿洲"和奇异的生物群落呢？查明这些问题，不仅关系到人类对海洋开发，而且更重要的是它对生命起源问题的研究价值。

海床上涌动的神秘河

水下河

难以想象，水下河有自己的河道、急流、冲积平原甚至瀑布，它们是海底电缆的克星，同时也能带给人们惊喜。目前，世界范围内有数条巨型水下河被发现，这些神秘的巨流足以使陆地大河相形见绌。

在博斯普鲁斯海峡的下方流淌着一条神秘河。它有河岸、急流，有的地方有 1 千米宽。如果它在陆地上蜿蜒流动，那么以每秒奔流的水量之多，它将仅次于亚马孙河、刚果河、长江和奥里诺科河，成为世界上的第五大河。可是，当一艘艘大船穿过海峡在马尔马拉海和黑海之间往来行驶的时候，船上的水手根本不知道下方还有一条河流存在。这条暗河在他们脚下 70 米的地方静静地流淌，一直流到大陆架的边缘，然后消失在大洋的深渊之中。

这条暗河没有名字，而且它也不是独一无二的。所谓水下河是指存在于海洋深处的河流，也称深海水道。地球上有大量水下河在洋底纵横流淌，其中一些长数千千米、宽数十千米，深度也达到数百米。

这些水下河的运动方式一直是一个谜。在此之前，因为卫星侦察不到这么深的水下，水面的声呐和雷达也帮不了多少忙。不过现在，潜艇的观测和实验室的研究终于在这些神秘的水下河上打开了一扇窗户。

海底电缆的克星

实际上，这些神秘的水下河已在海底凿出了错综复杂、如迷宫般的沟渠，或许这些"深海水道"中奔腾的河流与陆地河流无异，但它们的"表达方

所在地：**大洋海底**

特　点：深海水道将是一个新的课题，因为其中蕴藏着巨大的宝藏，如石油、天然气，甚至是黄金。然而目前，我们对它的了解，还不足以揭开它的神秘面纱

[墨西哥水下河]

墨西哥 Tulum 以南 17 千米处有一条神奇的水下河。这个神奇的地方从水面下潜 30 米时还是淡水，但在 30 ~ 60 米时盐分开始增多，到最底下竟然出现一条河。

[海底电缆]

1902 年 12 月 14 日——海底电缆第一次铺过太平洋，从旧金山铺到檀香山。海底线缆通信已有 100 多年的历史。
1850 年盎格鲁—法国电报公司开始在英法之间铺设世界第一条海底电缆，当时只能发送摩尔斯电报密码。1852 年海底电报公司第一次用缆线将伦敦和巴黎联系起来。
1866 年英国成功在美英两国之间铺设跨大西洋海底电缆，实现了欧美大陆之间跨大西洋的电报通讯。
1876 年，贝尔发明电话后，海底电缆具备了新的功能，各国大规模铺设海底电缆的步伐加快了。

式"——浊流却更具毁灭性：其破坏力更接近于雪崩、沙尘暴或火山碎屑流。

通过铺设在海底的通信电缆，网络数据才得以传送到大洋彼端。同时，铺设在海底的电缆如果"一不小心"铺设在水道中，那就真的是麻烦了。美国新罕布什州杜伦大学海岸和大洋绘图中心的詹姆斯·加德纳说："如果将一根电缆铺进几百米深、几千米宽的'深海水道'中，那么一旦有浊流流过，电缆就会断裂。"

如今，通信公司在铺设电缆之前都要先勘察洋底，希望避开这些"深海水道"，但这并不容易。如果一条"深海水道"的地势十分险峻，那么任何横跨于它的电缆都会悬浮在水中，这样很容易被捕鱼设备或船锚损坏；而如果水下电缆在"深海水道"中，由于水流，它们像被拨动的琴弦一样颤动不已，并与海床碰撞，会被过早地磨损或毁坏。

水下河里"凶猛"的内容物

水下河跟陆地河流一样，也会蜿蜒前行，但如果遇到障碍物，就只能改道。与陆地河不同的是，海底的巨流一旦曲折到一定程度，就会垂直急降数百米，那场面何止壮观两字能形容？

与陆地河还有不同的是，水下河也会"枯竭"，所谓枯竭，并不是没有水。恰恰相反，水下河水道里充满了水，但是里面没有流泥和沙子，需要一次"强大事件"才可能再次引发"浊流"。这个"强大事件"可能是地震，可能是一座海底峡谷顶端堆积的沉积物因承受不了它的重量而突然崩溃，也可能是一条流进大海的内陆河。以刚果河为例，当它快要流进大西洋时，它的河水中已饱含了丰富的沉积物，这些沉积物累积形成的外力，甚至可以在水下凿出一条新的暗河。

水下河里再现科里奥利效应

陆地水在流淌时，一般会按照原来的河道前行，但是深海水道 却不是这样，科学家在博斯普鲁斯海峡进行科学考察时发现：3 年的时间内，这条水道就像一条被惊扰的响尾蛇一样扭来扭去。当然，陆地上的河流也会根据周围的地质，或曲或直，但是水下河与陆地河完全是两码事。

经过科学家的验证，发现水下河和地上河截然不同。无论是在水下还是在地上，水流在经过弯道时都会受到一个组合力的控制。在陆地上主要表现为离心力，即当流水快速流过一个弯道时，离心力将水往外推，同时，在重力的影响下，水流被往下拉，然后匍匐前进。然而，对于水下河来说，要想理解为什么科里奥利效应对浊流有一定的影响，就得想一想一块砖头在水下比在陆地轻多少（因为水的浮力在一定程度上抵消了砖头的重力）。同样的道理，浊流的重力也会被周围的海水浮力所削弱。

当水的重量不再是浊流的主导力量时，科里奥利效应就会发挥比在陆地河流上更大的作用：它将浊流推向一边，导致双方存在一个巨大的高度差，流向的改变导致水下河的形态和泥沙沉淀都发生了巨大的改变。由于科里奥利效应在两极处影响力更大，所以在合力作用下，那里的水下河比赤道附近的流得更直。

科里奥利力又简称为科氏力，是对旋转体系中进行直线运动的质点由于惯性相对于旋转体系产生的直线运动的偏移的一种描述。甚至可以说，宇宙中任何一个星球，只要它自转，就会存在科里奥利力。

在旋转体系中进行直线运动的质点，由于惯性，有沿着原有运动方向继续运动的趋势，但是由于体系本身是旋转的，在经历了一段时间的运动之后，体系中质点的位置会有所变化，而它原有的运动趋势的方向，如果以旋转体系的视角去观察，就会发生一定程度的偏离。

当一个质点相对于惯性做直线运动时，相对于旋转体系，其轨迹是一条曲线。立足于旋转体系，我们认为有一个力驱使质点运动轨迹形成曲线，这个力就是科里奥利力。

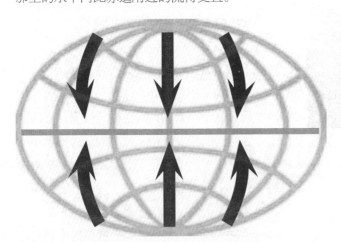

[科里奥利效应与风向]

科里奥利效应使风在北半球向右转，在南半球向左转。此效应在极地处最明显，在赤道处则消失。

海洋的恩赐

海洋淡水井

如果在海上航行，淡水用光了，而无法上岸补充时，若能刚好遇到一块海洋淡水区，这恐怕是比中大奖还要让人激动的事情吧！

所在地：海洋淡水区

特　点：如同发现彩蛋一样，大海中有一个个的淡水区，若能发现，哪里还需要传说中的"海井"

[海洋淡水井]

在一望无垠的大海上航行时，最大的遗憾莫过于眼睁睁地看着那蓝莹莹、清澈澈的海水而不能饮用解渴。于是，常年在海上生活的水手、旅人们，向往能有那么一个圆骨碌形如水井的"宝贝"，只要将这个宝贝往大海里一放，那又苦又涩的海水，就变成甘甜可口的淡水，虽然这看起来有点过于"神话"，但是早在我国宋朝，真的有人就敢大胆设想并编撰成故事，流传下来。

宋朝有位叫周密的人，写了一本《癸辛杂识》的书，里面有一个故事：有个宝贝名叫"海井"，船员在海上，只要将它放到海里，就不愁没有淡水喝。

这毕竟是人们的美好想象。随着科技的发展，今天人们研制出海水淡化机，已将幻想变成了现实。其实茫茫大海中真的有"淡水井"。

航海家哥伦布发现的淡水井

1489年航海家哥伦布在完成第三次横渡大西洋的航行以后，向人们谈起这样一件事：此次航行中，当他们的船驶到南美洲委内瑞拉的奥里诺科河口时，船上的淡水几乎用尽了。干渴难耐的船员们为了争夺一点淡水而发生斗殴。激战中，一名船员落入大海，其他船员急忙拿起救生圈，准备抛给落水船员，正在此时，这位落水船员惊讶地喊着："淡水！这块是淡水！"他不时地喝着水，又不时地挥动双手喊着。其他船员顿时停止了斗殴，有的拿来水桶；有的干脆跳入海中喝个够。

无独有偶，在美国佛罗里达州东海岸海底也有一眼流量很大的淡水泉，由于淡水的上涌挤开了海水，形成了一个直接约 30 米的海中淡水湖，并且不与海水混合，因此经常有航船来此补充淡水。

淡水井真的是海洋给予的礼物吗

目前在海洋中发现了许多口淡水井，仅夏威夷群岛附近的浅海区就发现了 20 多处淡水渗水点，这不仅仅是海洋的恩赐那么简单。

这其实是因为在濒临海洋的陆地表面渗入雨水后，如果地下的透水层、岩层层面或裂隙向海里倾斜，而且下面又有不透水层，渗入地下的淡水就会在重力的作用下，流入海底，一旦遇到出口，地下水受到水位差的压力，就会像泉水一样喷涌而出。

像美国佛罗里达半岛以东那口淡水井的海底，是个锅底似的小盆地，盆地中间深约 40 米，周围的深度为 15 ~ 20 米。岸边有石灰岩溶洞将淡水通向这里，盆地中央有水势极旺的淡水泉，昼夜不停地向上喷涌泉水。据查，这眼海中淡水泉涌出的水量为每秒 40 立方米，要比陆地上最大的泉还要大得多。就这样，泉水在海水中日喷夜涌，在风力流的作用下，从泉眼斜着上升到海面，形成了奇特的海中淡水井。

海洋中的"淡水井"流量大，不破坏陆地环境。它的发现，不仅可解远航舰船上的船员们的燃眉之急，而且当濒海陆地淡水资源缺乏时，人们还可以开发利用海底淡水资源。目前，海洋淡水资源的调查研究工作已经开始，相信不久的将来，定会传来利用大海中的"淡水井"的佳音。

[哥伦布画像]

哥伦布的第三次航行于 1498 年 5 月 30 日开始，他率领 6 艘船、约 200 船员，由西班牙的塞维利亚出发。航行目的是要证实在前两次航行中发现的诸岛之南有一块大陆（即南美洲大陆）的传说。

[《癸辛杂识》]

《癸辛杂识》是周密寓居癸辛街时所写的一部笔记。主要记载宋元之际的琐事杂言、遗闻逸事、典章制度，并记有都城胜迹杂录。本书内容广泛，特别引人注目的是作者大量记载了为国牺牲的将士、坚持民族气节的士大夫及异族统治者、投降派的言行，寄亡国之痛于笔端，书中所记如"襄阳始末""佛莲家资""方回"（降元宋臣）等条，价值甚高。

深海生命孕育床

热泉

1979 年，美国科学家比肖夫博士首次在太平洋接近海底的 2500 米深的地方，看到一个奇异的景象：蒸汽腾腾，烟雾缭绕，烟囱林立，经过仔细观察发现在"烟囱林"中有各种生物生存。一种理论认为，地球生命的始祖就是在海底热泉口附近诞生的。

所在地：深海海底

特　点：缺少阳光及温度的海底，有谜一样存在的热源——烟囱，它们很可能就是孕育最初生命的温床

海底热泉是指海底深处的喷泉，其原理和火山喷泉类似，喷出来的热水就像烟囱一样，它是地壳活动在海底反映出来的现象。它分布在地壳张裂或薄弱的地方，如大洋中脊的裂谷、海底断裂带和海底火山附近。它们蒸汽腾腾，烟雾缭绕，烟囱林立，好像重工业基地。而在"烟囱林"生存着大量生物，烟囱里冒出的烟的颜色大不相同：有的烟呈黑色，有的烟是白色的，还有清淡如暮霭的轻烟。

大西洋、印度洋和太平洋都存在大洋中脊，它们高出洋底约 3000 米，是地壳下岩浆不断喷涌出来形成的。大洋中脊中都有大裂谷，岩浆从这里喷出来，并形成新洋壳。两块大洋地壳从这里张裂并向相反方向缓慢移动。在大洋中脊里的大裂谷往往有很多热泉，热泉的水温在 300℃左右。大西洋的大洋中脊裂谷底，其热泉水温度最高可达 400℃。在海底断裂带也有热泉，有火山活动的海洋底部也往往有热泉分布。除大洋中脊有火山活动外，在大陆边缘，受洋壳板块俯冲挤压形成山脉的同时，往往有火山喷发，在它的附近海底也会有热泉分布。

[海底白烟囱]

世界上第一处被发现的海底热泉

北纬21°附近的东太平洋隆起的脊轴上，在一个长7千米、宽200～300米的狭长形条状区分布了25个以上的"烟囱"，各"烟囱"的热泉温度变化各异。经分析，发现"黑烟囱"喷出的水中含有大量的硫黄铁矿、黄铁矿、闪锌矿和铜、铁的硫化物等物质，在部分"黑烟囱"顶端所采的样品中，主要由闪锌矿、硫黄铁矿和黄铁矿交替组成。

海底热泉并不只是这一处。科学家们在太平洋、印度洋、大西洋的大洋中脊和红海等地相继发现了许多正在活动的和已经死亡的"黑烟囱"。

[加拉帕戈斯群岛东北方海底世界]

在加拉帕戈斯群岛东北方向400千米处的海底世界，人们惊奇地发现了喷涌的深海热泉、高耸的海底烟囱和成群的奇异动物。

海底热泉为什么出现在大洋中脊呢

原来，大洋中脊是多火山多地震区，岩石破碎强烈，海水能通过破碎带向下渗透，渗入的冷海水受热后，会以热泉形式从海底泄出。在冷海水不断渗入、热海水不断排出的循环过程中，大洋底玄武岩中的铁、锰、铜、锌等元素溶于热海水中，成为富含金属元素的热液并喷涌出来。由于大洋中脊是大洋板块的分离部位，那里的岩石圈地壳最薄弱，因此成为地幔柱最好的突破口。热泉水带上来的物质多为金属硫化物或氧化物，它们沉淀在热泉喷口周围，形成具有经济价值的"热液矿床"。

海底热泉的发现与研究，打破了人们对深海大洋的传统看法，在认识海洋、开发海洋方面提出了一系列新的问题。在地质学方面，海底热泉是人们发现的海水在洋壳里不断循环的现象。

[海底热泉周围的奇特生物——钢铁蜗牛]

印度洋的海底热泉处生活着一群特殊的蜗牛，它们叫作鳞角腹足蜗牛，也被人们称为钢铁蜗牛，因为它们周身包围着一层铁。由于身处高温环境，此处的蜗牛渐渐进化出一层特殊的外壳，它们吸收环境中的硫化物和铁元素，为自己打造了一副钢铁盔甲。

王者遗物

山铜

人类历史上存在许多未解之谜，亚特兰蒂斯便是其中之一。在柏拉图的笔下，亚特兰蒂斯具有高度发达的史前文明，是个鼎盛一时的泱泱帝国，却在一夜之间突然从地球上销声匿迹，让人不得不怀疑亚特兰蒂斯真的存在过吗？

所在地： 一块名为大西洲的陆地

特　点： 山铜是亚特兰蒂斯传说中的一种神秘金属，现如今在海底找到，是否为验证传说的一个切入口？这一切要等待科学家给予答案

[《亚特兰蒂斯》海报]

我们大多听说过关于亚特兰蒂斯的传说，但或许在这之后，亚特兰蒂斯就不只是个传说了！

最近有一群海洋考古学家，挖到了39块名为"山铜"的金属铸块，而这种金属被认为是亚特兰蒂斯特有的合金！

古希腊、古罗马文献中提到的一种传说中的金属，被描述为金黄色的铜合金。它在柏拉图的作品《克里提阿篇》中被记述为存在于亚特兰蒂斯的幻之金属。依据《克里提阿篇》中的描述，山铜的价值被认为仅次于黄金，在远古亚特兰蒂斯的许多地区被发现和开采，并且广泛地用到宫殿和神庙的装饰之上。

古希腊哲学家柏拉图在著作中提到这种金属是亚特兰蒂斯独创的。科学家们通过对挖到的金属铸块进行检验，发现里面包含了铜、锌、铅、铁和镍。这些铸块是在一艘约2600年前的古希腊遇难船中发现的，这艘船似乎在航向市集的途中因遭遇暴风雨而沉入海底。据称山铜这种合金是由腓尼基王子卡德摩斯所发明的，所以山铜也有"王者金属之称"。这是考古史上第一次找到的山铜实物证据。

这表示学者们距离解开亚特兰蒂斯之谜更近一步了吗？

镇海之宝

锰结核

以岩石碎屑、动植物残骸的细小颗粒及鲨鱼牙齿等为核心，呈同心圆一层层结成的团块被命名为"锰结核"。

在《西游记》中，齐天大圣到东海龙宫取得了"镇海之宝"——金箍棒，如今在海底真正的宝物也被发现，那就是——锰结核。

1873年2月18日，正在进行全球海洋考察的英国调查船"挑战者"号，在非洲西北加那利群岛的外洋，从海底采上来一些土豆大小深褐色的物体。经化验分析，这种沉甸甸的团块是由锰、铁、镍、铜、钴等多金属的化合物组成的，而其中以氧化锰为最多。剖开来看，发现这种团块是以岩石碎屑、动植物残骸的细小颗粒及鲨鱼牙齿等为核心，呈同心圆一层层长成的，像一块切开的葱头。由此，这种团块被命名为"锰结核"。现代人又称它为多金属团块。

海底自生矿物——锰结核矿球

关于锰结核的生成原因，一般认为是沉降于海底的各种金属的氧化物，以带极性的分子形式，在电子引力作用下，以其他物体的细小颗粒为核，不断聚集而成。这个理论也有不能自圆其说之处。锰在海水中的含量并不算多，为什么会在锰结核中独占鳌头呢？锰结核的成因有待继续研究。

我国开采锰结核矿

我国从20世纪70年代中期开始进行大洋锰结核

所在地：深海洋底
特　点：深海自产锰结核矿，所含多种矿产，是名副其实的"镇海之宝"

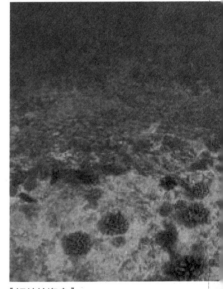

[锰结核海床]

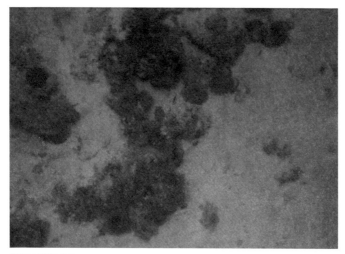

[锰结核海床]

[锰结核]

调查。据调查，锰结核广泛地分布于世界海洋2000～6000米深的海底，而以生成于4000～6000米深的海底的品质最佳，其中以北太平洋分布面积最广，储量占全球一半以上。1978年，"向阳红05号"海洋调查船在太平洋4000米深的海底首次捞获锰结核。

此后，从事大洋锰结核勘探的中国海洋调查船还有"向阳红16号""向阳红09号""海洋04号""大洋一号"等。经多年调查勘探，在夏威夷群岛西南北纬7°～13°，西经138°～157°的太平洋中部海区，探明一块可采储量为20亿吨的富矿区。

1991年3月，联合国海底管理局正式批准"中国大洋矿产资源研究开发协会"的申请，从而使中国得到15万平方千米的大洋锰结核矿产资源开发区。同时，依据《联合国海洋法公约》，中国继印度、法国、日本、俄罗斯之后，成为第5个注册登记的大洋锰结核采矿"先驱投资者"。

锰结核能干什么用

锰结核所富含的金属，广泛地应用于现代社会的各个方面。如金属锰可用于制造锰钢，这种钢极为坚硬，能抗冲击、耐磨损，大量用于制造坦克、钢轨、粉碎机等。锰结核所含的铁是炼钢的主要原料，所含的金属镍可用于制造不锈钢，所含的金属钴可用来制造特种钢。所含的金属铜大量用于制造电线。锰结核所含的金属钛，密度小、强度高、硬度大，广泛应用于航空航天工业，有"空间金属"的美称。

海底火山悄然造就一座新岛

太平洋海底

火山喷发如今已不是什么新闻，陆地与海洋的变迁在人们的印象里，往往要经过相当漫长的时间，更别说是造就新的岛屿了，而如今大自然的鬼斧神工再一次使全世界人们震撼。

地球的陆地经历了千万年之久才形成，然而 2015 年，在太平洋岛国汤加附近的洋面上悄然升起的一座新岛，仅仅用了三个月的时间！

2015 年 1 月，汤加附近的海底火山剧烈喷发，虽然未对当地居民的生活带来任何实质影响，却也让人捏了把汗。火山喷发的景象无比壮观：鲜红色的岩浆喷涌而出，释放像烟一样的硫酸云，在与冰冷的海水接触后马上结冰，使黑色岩石沉入海底。时间慢慢流逝，原以为很平常的一次地壳运动，却硬生生地在偌大的太平洋上造就了一座岛屿，根据发现者的描述：这座新岛长约 1.8 千米，宽约 1.5 千米，海拔大概有 100 米。

整座岛屿主要由火山渣（也称泡沫填充岩）组成，它是因火山石燃烧后混杂晶体而产生的。原本呈液态的岩浆遇到海水迅速固化并逐步堆积，最终形成了眼前的岛屿，不过也恰恰是这样的形成机制，使岛屿中有不少小湖。不过让人担心的是，整座岛屿仍未完全形成，地面温度极高，土质松软程度也有所差别。稍有不慎，人们可能会深陷其中而求生不得，发现者奥尔巴萨诺也警告游客不要轻易到访。

所在地： 太平洋

特　点： 大自然的鬼斧神工再一次显露奇迹，三个月的时间，太平洋面又升起一座新的小岛

[火山喷发形成的小岛]

破坏力不可估量

海底风暴

在晴朗的天气里，海面总是给人宁静的感觉，但事实并非如此，因为平静的海面下可能正在爆发着强烈的海底风暴。

所在地：北大西洋和南极洲地区

特　点：强烈的海底风暴，它的破坏力相当于速度高达每小时160.9千米的风暴，而风速超过每小时119千米时已是飓风级了

陆地上的风暴人们可以见到，甚至经受过暴风雨的洗礼。然而，人们对海底风暴知之甚少。因为几乎人人都认为深海底下是一个特别宁静的地方。但海洋科学家发现，海底并不平静，类似于陆地上飓风的各种激流一年四季都在海底下兴风作浪、横扫一切。

人们在墨西哥湾300～1000米深的海底发现存在着巨大的流动水流，科学家称为海底风暴。一般的深海水流的流速为每秒0.02米，当发生海底风暴时，它的移动速度会骤增到每秒3米。科学家曾乘坐潜水器下潜至5000～6000米的深海海底，观察海底风暴的情景。他们发现，当海底风暴袭来时，海底也会发

[海底风暴区]

生类似陆上尘暴的景观。海底风暴所经之处，无论是爬行动物、植物，还是礁石和海底通讯电缆、测量仪器都会被掩埋在沉积层之下。在发生尘暴时，可视距离甚至不足 1 米，海底风暴使海水以高达每秒 50 厘米的速度流动。在一些海域，这种海底风暴每年会发生 5～10 次。

[埋入尘土中的海底生物]

海底为什么会发生风暴？科学家们在诺瓦斯特亚南部海域进行了一次科学考察。他们采集海底水样，拍摄海底照片，测量海水的透明度，并在海底设置了一连串的自动海流计，对海底进行了长时间的观察。之后，海水的浑浊程度会随地点、时间的变化而趋淡，越靠近海底，水越浑浊，但过段时间之后，水又会变得清澈起来，这就证明海底风暴是由于有海底潜流经过造成的，就像陆地上风暴过境时造成沙尘滚滚一样。

科学家们发现，当海水和大气运动的能量集聚到一定程度时就会产生海底风暴。首先出现的是漩涡，大面积的海水连续不断地做漩涡状运动，搅动水体中的海流。当海面上空大气风暴持续数日后，海浪就会越来越凶猛，传递到海底的能量就越大，于是海底风暴就产生了。

海底风暴能量之大实属罕见。最猛烈的海底风暴，它的破坏力相当于风速高达每小时 160.9 千米的风暴，而风速超过每小时 119 千米时已是飓风级了。

我国专家在对南海进行钻探时，被其中沉积物的丰富多变"迷住了"。从海底深处获取的岩芯显示，每十几或几十厘米厚就有粉沙和黏土物质组成的沉积旋回，每个旋回沉积物的颗粒粒度向上变细，旋回层的底部通常发生粒度突变。这个钻探钻位虽然位于南海深海盆中央位置的平原地区，但附近海山林立，东西和南北向分别有南海扩张后形成的海山群，从海底平原起算都有三四千米之高。海山地形陡峭，极易形成滑坡等重力流搬运作用，浊流就是重力流的一种。专家们在船上实验室中分析后还发现，岩芯中浊流沉积物里含有一定量的石英、长石等矿物，表明可能来自中性岩或中酸性岩区，而南海海山据称都为基性岩。因此，这些沉积物的来源可能有更多的可能，如来自南海周围陆地的远距离输运。如果真是这样，南海不仅仅是中央海区动荡，其范围可能遍及南海大部分深海区域。

玛雅文明消失新线索

洪都拉斯蓝洞

洪都拉斯蓝洞是加勒比海上的一处著名的潜水胜地，每年吸引着不计其数的潜水爱好者到这里来潜水。

所在地：加勒比海

特　点：玛雅文明的消失是否与洪都拉斯的"百年大旱"有关？人们只能坐等时间的答案

[洪都拉斯蓝洞]

冰河时期这里是个干涸的大洞，冰川融化、海平面的升高使它变成了现在的样子。它是灯塔礁的一部分，距伯利兹城大约 100 千米，直径为 304 千米，洞深 145 米。由于洞穴很深，因此呈深蓝色的景象。

玛雅文明虽处于新石器时代，但在历法、自创文字上却拥有极高成就。至于玛雅文明为何在 9 世纪时急速衰落，一直都是专家学者想要解开的最大谜团。而近来，美国一个研究团队将目标移到洪都拉斯蓝洞上。

位于贝里斯外海约 30 千米的洪都拉斯蓝洞，不但是世界知名的潜水胜地，还是全球最大的水下洞穴，其外观呈现圆形，直径约 304 米，深约 145 米，曾获评为世界十大潜水胜地之一。洪都拉斯蓝洞里有什么，一直都是人们想要寻找的答案。

这批研究人员通过分析洪都拉斯蓝洞海域和周围礁潟湖的沉积物，并观察其颜色、晶粒、尺寸等变化，赫然发现 8—10 世纪时的沉积物中所含的钛、铝比例曾发生变异，这意味着当时的降雨量曾剧烈下降。对照时间后，这个时期与玛雅文明的衰落期吻合。于是他们推测异常干旱现象引发了饥荒和动乱，恐怕就是玛雅文明灭亡的主因。由于玛雅人的农业技术还算先进，让他们得以勉强撑过头一个 100 年。

但面对持续的"百年大旱"，位处现今危地马拉、萨尔瓦多、洪都拉斯和墨西哥南部等地的玛雅城邦，最后仍因旱灾而逐渐被废弃，隐没在丛林之中。

这是猜测玛雅文明消失的众多原因之一，到底真相如何，只能等时间来评判。

地球第四极
马里亚纳海沟

马里亚纳海沟位于北太平洋西部马里亚纳群岛以东，是一处洋底弧形洼地，延伸2550千米，平均宽70千米。

1960年美国海军用法国制造的"的里雅斯特"号深海潜水器，创造了潜入马里亚纳海沟10916米的纪录。一般认为海洋板块与大陆板块相互碰撞，因海洋板块岩石密度大，位置低，便俯冲插入大陆板块之下，进入地幔后逐渐熔化而消失。在发生碰撞的地方会形成海沟，在靠近大陆一侧常形成岛弧和海岸山脉。

为了了解马里亚纳海沟，潜水员曾在千米深的海水中见到过人们熟知的虾、乌贼、章鱼、枪乌贼，还有抹香鲸等大型海兽类；在2000～3000米的水深处发现成群的大嘴琵琶鱼；在8000米以下的水层，发现仅18厘米大小的新鱼种。

假如不是亲眼见到这么多的深海生物，只听传言，人们会以为这是天方夜谭。因为，这些看起来十分柔弱的深海生物，首先要经受住数百个大气压力的考验。就拿人们在7000多米的水下看到的小鱼来说，实际上它要承受700多个大气压力。这个压力可以把钢制的坦克压扁。而令人不可思议的是，深海小鱼竟能照样游动自如。在万米深的海渊里，人们见到了几厘米长的小鱼和虾。这些小鱼和虾承受的压力接近一吨重。这么大的压力，不用说是坦克了，就是比坦克更坚硬的东西也会被压扁。

英国亚伯丁大学科学家表示："这种栖息深度很深的鱼，不像我们所曾看过的东西，也不像我们已知的任何东西。"

[马里亚纳海沟 - 影视资料]

所在地：北太平洋西部
特 点：将其称为地球第四极，是因为此处环境的特殊性，这里仍能看到海底的生物，它们虽然身体弱小，但生命力足够强大

真实再现"海底龙宫"

帕劳海底大断层

帕劳海底大断层作为一个颇具知名度的潜点，也是目前浮潜点中唯一位于外海的，它之所以会令人印象深刻，在于它那壮观的地形与丰富的生态所营造出来的美丽景观，身处其中仿佛来到一座海底龙宫一样。

所在地：南太平洋
特　点：世界著名的潜
　　　　点，有五彩缤
　　　　纷的海底世界，
　　　　是现实版的海
　　　　底龙宫

海底大断层是指位于海底的悬崖，当这些悬崖处于近海时，便成了不可多得的潜水胜地。目前，世界上最著名的两个海底大断层是帕劳海底大断层和巴里卡萨大断层。

其实帕劳的海中断层不计其数，站在船上向海中眺望，常常一边是浅浅的海蓝色，另一边会突然变成幽暗的深蓝色。其实深蓝色之下就是一处断层，陡然之间就是深达数百米的海中悬崖。

[帕劳海底大断层美景]

帕劳有 1500 多种鱼类，800 多种软硬珊瑚，而在海底大断层就可以看到大多数的鱼类及 100% 的珊瑚。另一侧悬崖的海里则可以看到截然不同的大型生物出没：鲨鱼、海龟、拿破仑鱼等。

在靠近岛屿水深仅一两米的珊瑚浅礁，大退潮时部分的礁盘甚至会露出水面，这个区域里长满茂盛的软硬珊瑚，无数的七彩热带鱼就在这一座广大的珊瑚花园里嬉戏游玩；另一侧则是深达数百米的海沟，向下望去整个人就仿佛会被吸入到海底深渊一般，让人不由自主地产生一种莫名的恐惧感。

吞噬生命的洋中之海
马尾藻海

世界上的海大多是大洋的边缘部分，都与大陆或其他陆地毗连。然而，北大西洋中部的马尾藻海却是一个"洋中之海"，是世界上唯一没有海岸的海，因此也没有明确的海陆划分界线。

马尾藻海又称萨加索海（葡萄牙语中为葡萄果的意思），是大西洋中一个没有岸的"海"，它的西边与北美大陆隔着宽阔的海域，三面都是广阔的洋面。马尾藻海的位置介于北纬20°～35°、西经30°～75°之间，面积有几百万平方千米，由墨西哥湾暖流、北赤道暖流和加那利寒流围绕而成。

所在地：北大西洋中部
特　点：清澈的海水中却隐藏着吞噬生命的魔鬼

世界上最清澈的海

马尾藻海远离江河河口，浮游生物很少，海水碧青湛蓝，透明度深达66.5米，个别海区可达72米。因此，马尾藻海是世界上海水透明度最高的海。一般来说，热带海域的海水透明度较高，达50米，而马尾藻海的透明度达66米，世界上再也没有一处海域有如此之高的透明度。

魔藻之海

在这里，大量繁殖并旺盛生长着马尾藻，使茫茫的大海铺满了几尺厚的海藻，海风吹来，海藻随浪起伏，呈现一种别致的海上草原风光。马尾藻海不仅有"草原风光"，

[马尾藻海]

而且还有许多奇特的自然现象。

据调查，这一海域中共有 8 种马尾藻，其中有两种数量占绝对优势。以马尾藻为主，以及几十种以海藻为宿主的水生生物又形成了独特的马尾藻生物群落。马尾藻海的海水盐度和温度比较高，其原因是远离大陆而且多处于副热带高气压带之下，少雨而蒸发强；水温偏高则是因为暖流的影响，著名的墨西哥暖流经马尾藻海北部向东推进，北赤道暖流则经马尾藻海南部向西部流去；上述海流的运动又使马尾藻海水流缓慢地做顺时针方向转动。

[海底马尾藻]

自古以来，误入这片"绿色海洋"的船只几乎无一能"完好无损"，在帆船时代，不知有多少船只，因为误入这片奇特的海域后被马尾藻死死地缠住，船上的人因淡水和食品用尽而无一生还，于是人们把这片海域称为"海洋的坟地"。

吞噬生命的魔藻之海

1492 年 8 月，航海家哥伦布率领三艘帆船从西班牙的巴塞罗那港出发，曾驶入这片海域，被这些海藻团团围住，几乎寸步难行，失去了前进的信心。后来，哥伦布命令大家清除海藻。船员们用竹竿拨开船周围的海藻，慢慢地才驶出了这片可怕的海域。

从此以后，马尾藻海被蒙上一层神秘和恐怖的色彩，以至后来的许多科幻作家把马尾藻海描写成全球最可怕的海域。譬如，儒勒·凡尔纳在《海底两万里》一书中这样描述马尾藻海："有无数遇难的残骸、龙骨和舱底的残片、破损的船板，上面堆满了蛤蜊和荷茗儿贝，可能再浮上来……"

这里的海平面要比美国大西洋沿岸高出 1.2 米，可是这里的水却流不出去。最令人不解的是，这个"草原"还会"变魔术"：它时隐时现，有时郁郁葱葱的海藻突然消失，有时又鬼使神差地布满海面。表面恬静文雅的"草原"海域，实际上是一个可怕的陷阱，充满奇闻的百慕大"魔鬼三角区"几乎全部在这里，以至于有飞机和海船在这里神秘地失踪。

马尾藻海中生活着许多独特的鱼类，如飞鱼、旗鱼、马林鱼、马尾藻鱼等。它们大多以海藻为宿主，善于伪装、变色，打扮得同海藻相似。最奇特的要算马尾藻鱼了。它的色泽同马尾藻一样，眼睛也能变色，遇到"敌人"，能吞下大量海水，把身躯鼓得大大的，使"敌人"不敢轻易碰它。

[马尾藻]

马尾藻，属马尾藻科；本属的种类是提取褐藻胶等的重要工业原料，羊栖菜可药用和食用。

深海"金山",采还是不采

深海"金山"

作为一个海洋国家，新西兰有一个共计5700万平方千米的专属经济区和扩展大陆架，其特殊的地理位置，在这个区域的海底积聚了许多金属矿产资源，无疑，这是沉睡在海底的一座巨大的"金山"。

所在地：新西兰西海岸塔拉纳基海域

特　点：海底巨大的矿产资源让许多国家垂涎欲滴，新西兰则成为第一个"吃螃蟹的人"

据报道，新西兰矿企TTR被获准在该国西海岸塔拉纳基地区开采铁矿石。这是新西兰首个海底采矿项目，也是世界上首次在海床上进行的商业金属采矿项目。这篇报道预计将会激励更多公司进入深海区域开采矿产。

富矿着实令人垂涎

作为一个海洋国家，新西兰有一个共计5700万平方千米的专属经济区和扩展大陆架。该地区活跃的地质特性意味着新西兰部分专属经济区富含海底矿物，其中一个地区是克马德克火山弧。

在这个区域，地球表面的海底地壳的岩石断层让冰冷的海水进入岩石加热。这种热水含有金、银、铜、锌等金属和稀土元素，当含有矿物质的热水出现在热液口时，与周围的冷水混合迅速变冷，使许多矿物质硬化，矿物颗粒形成的浓云在热液口周围如同"黑烟囱"一样。

这些富含硫和金属的海底热液矿床，在世界大洋水深数百米至3500米处均有分布。它们主要出现在2000米深处的大洋中脊和地层

[塔拉纳基海岸]

新西兰位于太平洋西南部，领土由南岛、北岛两大岛屿组成，以库克海峡分隔，南岛邻近南极洲，北岛与斐济及汤加相望。

断裂活动带，是具有远景意义的海底多金属矿产资源，其主要元素为铜、锌、铁、锰等，另外银、金、钴、镍、铂等在有些地区也达到了工业用量。

是否影响海底生态

在"黑烟囱"附近大量开采硫化物，可能会促使喜好硫的细菌和昆虫大量繁殖，对海底环境造成破坏。此外，采矿过程还会将深海浓缩营养物提升至海洋表面，引发海洋表面海藻繁殖，从而破坏捕鱼业赖以生存的水域。通过洋流，营养物还可能漂流到其他水域，破坏当地食物链，损坏其他国家甚至公海的生态系统。

如果开始开采，必须做到环境的可持续发展以及将对生态系统的破坏减少到最小。

采还是不采

与其他形式的工业生产一样，海底采矿势必会引发一些环境问题。采还是不采？支持与反对的声音一直此起彼伏。

新西兰反海底采矿组织表示，当前有关海洋环境的了解并不充分，应在详细了解前暂停海底采矿行动，TTR 留在海里的开采沉淀物，将因作业地区的鲸类和海豚迁徙而被带到其他各处，且鱼类产卵也在该作业地区。

有些科学家和环保人士忧心忡忡，若开始在海底采矿，可能会给脆弱的渔业和其他物种造成伤害。

显然，对于深海采矿而言，直面的重大挑战之一是实现经济增长和环境完整性的平衡。鉴于目前有关在各国领海内进行矿石开采的法律法规限制并不多，有的甚至一片空白，有专家呼吁，应尽早采取行动，通过立法保护敏感而脆弱的海底生态系统，尽量降低海底开采对环境的影响。

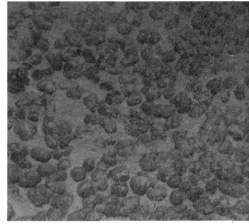
［深海矿产］

［深海采矿］

冰封的美丽

死亡冰柱

死亡冰柱是一种发生在地球两极海底的自然现象。当海水温度降低到一定程度后，海水里的盐分被析出，海水发生结冰现象，并呈柱状向海底延伸，所到之处，海洋生物被冻死，这一现象被称为死亡冰柱。

所在地：南极、北极

特　点：秒杀海洋中生命的冰柱，利用其快速冰冻的特性冰封着海底的美丽

英国广播公司（BBC）拍摄的《冰冻星球》中最震撼场面，莫过于冰柱沉入南极洲海底的景象，宛如恐怖的科幻大片。

死亡冰柱在形成五六个小时后，落入海洋，由于密度大于海冰，死亡冰柱将落在海底，它由下沉的盐水形成，由于盐水温度极低，导致周围海水迅速冻结；在下沉过程中，冰柱形成的"死亡之网"迅速扩张，杀死沿途不计其数的生命。

冰柱是如何形成的呢？其原因在于极地天气严寒，当海水温度降低到一定程度后，里面的盐分就会析出，海水便开始结冰。靠着不断从海面上吸取的低温，冰柱逐渐向海底延伸，周围的海水遇到盐水后快速冻结，此时的冰更像一块海绵，而不是普通的冰。冰柱所到之处，周围的海洋生物都会因受不了严寒而被冻死，同时冰柱也摧毁着沿途的一切阻碍物。

[死亡冰柱]

大多数科学家认为，生命起源于温暖的海洋。而一些科学家认为海冰脱盐创造了生命诞生必不可少的环境。死亡冰柱也就是海钟乳石，在推动盐水在海冰中的转换过程中可能孕育着生命。因此，地球上最早的生命可能出现在极地海洋，并起源于水下的"死亡冰柱"。

又一个亚特兰蒂斯

南极洲

人们关于亚特兰蒂斯所处的地点有很多猜想，如大西洋北部、爱琴海，还有其他的一些冷门地点等。既然如此，南极洲这个猜想也应该获得平等的待遇，它或许也是一个新的"怀疑对象"。

[南极洲]

南极洲到底冰封了多少年？一开始科学家们曾想过不会少于 100 万年，现在看来，恐怕时间没有那么长。

1929 年，土耳其伊斯坦布尔国家博物馆馆长哈利尔·艾德赫姆在整理托普卡利苏丹老皇宫的拜占庭皇家图书时，意外地在一排落满尘土的书架上发现一幅由皮尔·里斯将军绘制的地图。绘制时间是 1513 年。这幅地图上竟然十分清楚地画出了整个南极洲的轮廓，甚至标出了美洲和南极洲之间一万年前就已消失的地峡。

1949 年，一支英国和瑞典联合组成的考察队在南极洲钻透冰层进行地震探查，结论是：皮尔·里斯地图的下部（南极洲海岸）所画出的地形地貌和他们考察得出的数据几乎完全一致。

皮尔·里斯居然能依据不少于公元前 4000 年写成的第一手材料绘制出他那幅地图，这令人难以置信。因为人类第一个文明也只是公元前 3000 年出现在美索不达米亚平原，而中国和印度的文明要晚 1000 多年。那么说，是不是还存在更古老的文明呢？

再来看柏拉图是如何描绘亚特兰蒂斯位置的："一整块对着的大陆"围绕着"真实的海洋"，事实上这块大陆是由南美洲、北美洲、非洲、欧洲和亚洲组成的。从亚特兰蒂斯所处的位置看过去，这几个大洲连在了一起，看上

所在地：南极洲

特　点：南极洲冰封的海下，或许成为下一个考古学家需要探索的地方

去像一块大陆。从地理学上来说，这 5 块大陆确实也曾经连在一起。

亚特兰蒂斯在南极洲——如今这个观点获得了越来越多的支持，如果它是正确的，那么学者们要探索的下一个地方就是冰天雪地的荒原了。

海底新生命形态的猜想
加拉巴格群岛

读过凡尔纳小说《海底两万里》的人应该知道，书中将海底描述得非常刺激和浪漫，但真实的海底一万米以下恐怕就只有无尽的黑暗和浑浊的状态了。

所在地：加拉巴格群岛深海
特　点：无尽黑暗的深海中生命如何得以生存？这引发人们的想象，海底是否有高智慧生命体存在

[海洋学家唐·沃尔什]

海底 10000 米以下到底有什么

1961 年，30 岁的唐·沃尔什和瑞士知名发明家雅克·皮卡德驾驶深海潜艇，潜入马里亚纳海沟距离海平面以下的 10916 米处。如今的科技水平较 60 多年前有了巨大进步，但由唐·沃尔什和雅克·皮卡德创造的潜水纪录迄今为止还无人打破。2008 年，雅克·皮卡德去世，唐·沃尔什成了全世界唯一到过海底最深处的人。

唐·沃尔什和雅克·皮卡德去的海底，是世界上最深的海沟马里亚纳海沟，这个深度的水压高达 1100 个大气压，对于人类来讲是个巨大的挑战。虽然他们仅仅在海底待了 20 分钟，但这一纪录足以让他们骄傲一生。

唐·沃尔什对海底一万米最直接的感受是："因为搅动了太多的海底沉淀物，所以毫无可见度。在过往的下潜中，这种浑浊状态会在几分钟内散去。但这一次例外，我们就像掉进了一碗牛奶中，在海底的整个过程中都没有可见度。"

当然，本来海洋生物就是潜至越深越稀疏，这也是为什么所有的捕渔业几乎都在大陆架附近近海领域发生。目前人们对海洋的了解，大多也都发生在海深 6000 米以上，

而这也几乎已经覆盖了 98% 的海底面积。只要能够抵达 6000 米，无须制造出特殊的潜水器，就能把海底 98% 的地方全扫一遍。

不需要阳光的深海生命

在通往加拉巴格群岛交叉区的深海山脊长廊上，一艘名为"艾文"号的潜艇潜入该海域进行科研探索时，检测出一处海域温度数据异常，在追踪超高温度数据来源时，发现了足以颠覆人类此前对地球生命一切认知的一幕深海奇观。他们在这里发现了许多冒着黑色烟雾的深海岩石柱通道，乍一看，就像乡下村落里家家户户冒着烟的烟囱。

更令人称奇的是，在一万多米深的海底，在这些冒着热气的石柱通道周围，存在着独立于地球生态系统之外的一种新的生命形态。这里是阳光到不了的深海区域，多年以来，人类一直认为这里是地球上最不适宜生存的环境，当然不可能有生命迹象。然而，往往地球上最不适合生存的环境也最会隐藏秘密。这里有巨大的卵虫、有长得像螃蟹和虾一样的新物种，它们看不到阳光，不靠来自海洋上层的生物尸体生存，而是靠深海岩石柱上喷射孔处冒出的黑色烟雾热流做能量供养。在此之前，科学家都认为，阳光是地球上所有生命呼吸、繁衍、生存所需的唯一能量。而这里呈现的一切证据告诉我们，生命能找到其他出路。

这项深海发现说明，地球上确有超出人类认知范围的奇特生命形式存活着。而面对阳光穿不透、漆黑如地狱一般的深海，我们知道的事情少之又少。在那黑暗深处，也许真的住着神秘的"海底人"，只是我们还尚未发现。

[卡梅隆导演作品《阿凡达》]

2012 年 3 月 26 日，声名显赫的大导演、电影制作人兼探险家詹姆斯·卡梅隆乘坐单人深潜器成功潜入位于马里亚纳海沟 10898 米的海底——此前半个多世纪，除了唐·沃尔什和雅克·皮卡德外并无其他人亲临这一深度。

雅克·皮卡德于 2008 年去世，而唐·沃尔什却一直身体健康。2012 年，他还受邀加入了卡梅隆的团队，担任顾问，全程参与了那次深潜计划的制订与实施。

雅克·皮卡德一家都是顶尖的探险家。雅克的父亲奥古斯特是第一个飞上 15000 米高空的人（《丁丁历险记》里的卡尔库鲁斯教授，就是以他为原型塑造的），而他的儿子勃朗特是人类史上第一个热气球不间断环球飞行者——2008 年，雅克去世的消息就是勃朗特在自己的网站上发布的，在声明中，他称父亲为"一位真正的尼摩船长"。

Submarine Modern Architecture

3 海底现代建筑

我国曾经最长的海底隧道

青岛胶州湾隧道

青岛胶州湾隧道是我国曾经最长的海底隧道，隧道全长 7797 米，分为陆上和海底两部分，海底部分长 4095 米，该隧道位于胶州湾湾口，连接青岛和黄岛两地。

所在地：青岛
特　点：我国建设的第
二条海底隧道，
是城市间的快
速路

青岛胶州湾隧道全长 7797 米，其中陆域段 3850 米，海域段 3950 米。该隧道于 2011 年通车运行，其长度曾在我国海底隧道中排名第一，世界排名第三。

目前公认的世界第一长海底隧道是日本的青函海底隧道，全长为 53.86 千米，其中海底部分为 23.3 千米。另外一种说法是英吉利海峡隧道，正式名称是"欧洲隧道"，全长 50.5 千米，其中海底部分长 37 千米，是世界上海底部分最长的隧道，该隧道已于 1995 年建成通车。

胶州湾海底隧道是我国自行建造的第二条海底隧道，其设计服役寿命为 100 年，使用功能为城市道路交通。打破了青（岛）黄（岛）不接历史。海底隧道和海湾大桥的分工也很明确，海底隧道负责客流运输，只准通行大中小型客车，禁止货车通行；海湾大桥则主要负责物流运输，可通行大货车。

[青岛胶州湾隧道入口]

青岛胶州湾隧道是连接青岛市主城与辅城的重要通道，南接薛家岛，北连团岛，下穿胶州湾湾口海域，纵断面采用"V"字坡，设双向 6 车道，行车速度每小时 80 千米，属城市快速通道。

世界最大的海底监测网
海王星海底监测网络

随着加拿大海王星海底监测网络的启动，科学家们告别了以前使用系缆浮标或者利用船只上的传感器在短时间内拍摄数据的时代。

相较于外太空的监测，海底的监测一直停留在相对落后的时代，随着加拿大海王星海底监测网络的正式启用，人类对于海洋的探索迈入新的里程。

海王星海底监测网络横跨太平洋的一段海床，将帮助科学家更深入地了解海洋。电缆从温哥华岛西岸出发，穿过大陆架，置身深海平原之上，同时向外延伸到活火山脊扩张中心（新洋壳形成的地方），最终形成一个回路。电缆分出的"枝杈"是 5 个节点，功能是充当输入中心，接收来自不同传感器和仪器获取的数据。这些数据将直接从太平洋洋底传到互联网上，并且是以全年 365 天，每天 24 小时这种不间断方式传输。据估计，这个海底网络每年可产生 50 太字节的数据。通过这些数据，科学家能够了解从地震动力学到气候变化对水柱产生的影响，再从深海生态系统到鲑鱼迁移的各种各样的信息。

地球的活动影响着海洋的方方面面，人类不能只是站在岸上进行研究。据悉，海王星海底监测网络将负责执行一些规模更大的科学研究任务，它的传感器将在更大细节上监视地震动力学现象，其中包括海啸以及地壳运动、海底生物的监测和大陆边缘气水合物沉积物的研究等。

所在地： 太平洋洋底

特　点： 全年 24 小时的不间断监测，希望海王星能为人类探索海洋提供最大帮助

全球最大的水下博物馆

坎昆水下博物馆

位于墨西哥的"坎昆水下博物馆"是世界上最大的水下博物馆。这座博物馆的四周没有围墙，展品多达 500 件，可以欣赏生动的人物雕像群组，以及雕像吸引的各种藻类和海洋生物，它们自成一个生态体系，妙趣横生。

所在地：墨西哥尤卡坦半岛

特　点：这座迷人的水下博物馆又叫作水下雕塑博物馆，它有 500 尊令人毛骨悚然的真人大小的雕塑，大概是世界上最与众不同的水下艺术项目

坎昆位于墨西哥的尤卡坦半岛，虽然只有三四十年历史，却久负盛名。它曾经只是加勒比海中靠近大陆的一座长 21 千米、宽仅 400 米的狭长小岛，得天独厚的地理条件使其成为墨西哥最受欢迎的旅游城市。

在坎昆水晶一样透彻的海底，隐藏着全球最大的水下博物馆。英国艺术家杰森·泰勒和另外 5 位南美艺术家创造出 500 尊真人大小的雕像，散布在 400 平方米的海底，游客可以通过潜水或者乘坐玻璃底游船前去观赏。

如此别出心裁的珊瑚礁保护计划

坎昆水下博物馆缘于墨西哥国家海洋公园的珊瑚礁保护计划。因为游船和潜水者对自然珊瑚礁的破坏日益严重，为了使游客分流，一个创意产生了。原本的计划只是建造人造珊瑚礁，英国艺术家杰森·泰勒介入后，这里摇身一变，成为一个艺术项目。他花了 18 个月，耗费 120 吨混凝土和砂石，400 千克硅和 38000 米玻璃纤维，塑造了 477 尊人像雕像，置于坎昆附近的曼琼海底。这些雕像按照主题分成小区域，其中包括"寂静的进化""时光如梭""火人""圣者"等作品。2009—2013 年，坎昆水下博物馆共设置了三个展

[水下雕塑]

区，一共展出 500 尊雕像。

这批雕塑在开始制作时，先要取模。杰森从自己生活的小渔村下手，直接从村民的脸上取模，真人模特的塑像具有极强的真实感。模具做好后，用 pH 值为中性的特殊混凝土浇灌成型，这样就不会对海底环境造成污染。每尊雕像都有属于自己的气孔和刮痕，有利于海洋生物附着生长。然后将这些装置艺术品小心翼翼地放入海底，固定在海床上，剩下的事情则交给时间和海洋，等待海洋生物认识、习惯它们，然后在那里安家、生长。

人工礁会不会对海洋造成污染

这些雕像静静地立在海床上，慢慢地它们的耳朵里涌出海草，眼窝生出火珊瑚，身上爬满藤壶和海星，变成一片森林，一个未来之岛。海藻在它们身上摇曳，随阳光明灭起舞，鱼群在人像间穿梭。偶尔一条热带小鱼会在一尊雕像脸上蹭痒痒，那种温柔亲密的情景令人难以形容。作为人生命的延续，它们的表情定格在那一瞬间，而雕像则在履行自己的使命，用自己人形的身体为珊瑚提供一个繁育场所，再容纳更多的海洋生物繁衍栖息，成为本地海洋生态系统的一部分。

坎昆水下博物馆每年接待超过 80 万名游客，对于艺术爱好者来说，这儿可能是世界上最值得参观的装置艺术公园之一。

坎昆的地理位置非常好，左边是加勒比海，右边是潟湖，湛蓝的天空下，美得不可思议。人仿佛蝼蚁，伏于一片树叶，漂浮在这个星球最蓝的一片海上。玛雅语中，"坎昆"意为"挂在彩虹一端的瓦罐"。

[水下雕像]

[Ithaa 海底餐厅]

在这样的海底世界就餐，实在是一种别样的享受，一抬头一晃眼，就能看到一群群五彩的鱼儿翩然游过，视觉的享受丝毫不亚于味蕾的享受。有意思的是，也许是考虑到鱼类的感受，餐厅不提供鱼类食物。不过价格自然也不便宜，这里最便宜的一顿午餐（不包括各种小费）就需要 200 美元。

世界上第一家全玻璃海底餐厅

伊特哈 :>>>

如果想看海底世界，却不会潜水怎么办呢？这里有个完全可以满足人们愿望的地方——全玻璃海底餐厅，不但可以与鱼群面对面，还可以品尝当地美食，这里就是全世界第一家全玻璃海底餐厅——伊特哈。

所在地：马尔代夫

特　点：餐厅被颜色艳丽的珊瑚礁环抱着，各种海洋生物在珊瑚礁间穿梭往来。顾客在餐厅品尝美味时可以尽情观赏缤纷绚丽的海洋世界

"Ithaa"（伊特哈），当地语意思为"珍珠"。该餐厅位于海平面以下 6 米，长 9 米、宽 5 米，外层为透明丙烯有机玻璃屋顶，通过弧形屋顶可以欣赏到 270 度海底景色。食客们可通过水面上一家名为"落日"的餐厅中安放在水中的密

闭旋转楼梯到达"伊特哈"餐厅。为了让食客能有宁静的就餐环境和宽广的视野，该海底餐厅一次最多准许 14 人就餐。

据说，希尔顿集团最初的设想是将海底餐厅建成直墙和玻璃窗样式，后来才采用了丙烯有机玻璃通道的设计模式。

这座餐厅一共花费了 500 万美元建造，以船舶从新加坡运送到该岛上，并由一台巨型起重机将它置入海中的位置。当餐厅没入海中时，总重量是 175 吨，工程人员还在其腹部结构中另外放置了 85 吨的沙子，使其能够沉入海底。海底餐厅的梁柱是 4 根直径 75 厘米的柱子，并直接插入海床，这种方法对现有礁石的损伤会减到最小。

[海底餐厅]

最大的私人海底隧道
英吉利海峡隧道

英吉利海峡隧道横跨英吉利海峡，它的开通使法国往返英国的时间大大缩短，它也是世界上规模最大的利用私人资本建造的工程项目。

所在地：英吉利海峡

特　点：一条把英国英伦三岛和法国相连的铁路隧道，位于英国多佛港与法国加来港之间，也被称为欧洲隧道

在英、法两国（英国多佛港与法国加来港）之间，穿过海峡建立固定通道的想法，可以追溯到19世纪初的拿破仑一世时代。之所以一直未实施，并非技术原因，而是由于长期以来英国方面反对建设海峡隧道，其主要原因是考虑到军事上的风险，他们希望利用海峡作为抵御来自欧洲大陆军事入侵的天然屏障。

随着国际局势的变化，英国的上述顾虑逐渐消退。特别是英国加入欧洲共同体后在英国和欧洲大陆之间建立更为方便、快捷的通道成了显而易见的需求。

自1986年海峡隧道工程的正式签字仪式，到1994年海峡隧道的完工，1.1万名工程技术人员用近7年之久的辛勤劳动，终于把自拿破仑·波拿巴以来将近200年的梦想变成了现实。滔滔沧海变通途，一条海峡隧道把孤悬在大西洋中的英伦三岛与欧洲大陆紧密地连接起来，在欧洲交通史上写下了重要的一笔。该隧道的业主是欧洲隧道集团，这是一家私人资本。

该隧道在建造过程中，因各种问题曾被放弃或中断过26次。虽然造价高昂，财务问题众多，但随着该海峡隧道的通车，经营权也由欧洲隧道集团获得。

[英吉利海峡隧道]

现实版海底小屋
朱勒海底旅馆

这个建造在海底的小屋子，可以让人们忘记纷繁杂芜的世界，来次心灵净化之旅。

海底旅馆的基础配备

在美国佛罗里达的基拉戈海滩，童话里面的海底小屋真实地存在着。它完全没于海中，深潜6米左右便可到达。屋内设施齐备，有两间卧室，一间公用厨房、一间餐厅和起居室。来到这里，人们不仅可以欣赏美丽的海滩，还可以冲浪、游泳、打沙滩排球，当然潜水是旅居海底小屋的主要娱乐。累了，每个房间都备有电视、录像机和音响；饿了，片刻就有呼之即来的大厨为你烹饪海底的饕餮大餐；而在房间42英寸的玻璃窗外，还有天使鱼、鹦嘴鱼、梭鱼以及其他珍贵的海洋生物悠然游弋。

所在地：美国基维斯特岛
特　点：建造在海底的小屋子，游客可在屋子里观赏自由游走的海底生物

进入海底旅馆的途径

这是一个神奇的没有前门的水下小屋，入口设置在"木屋"底部，游客需要潜水进去，不过不用担心会被漫天海水席卷，小屋通过压缩空气进行特殊处理与外界隔离开来。

朱勒海底旅馆为了满足有经验的潜水者，提供了全套的潜水设备，不限次数的潜水（包含在房价内）。不过即使是从没有尝试过潜水的人也可以进入小屋，在专业教练的陪同下通过3小时的潜水课程培训即可。朱勒海底旅馆还提供潜水、潜水课程培训等项目。

朱勒海底旅馆的前身是一个海底生态研究室。后来研究室搬迁，遗留的海底建筑就被改建为如今的海底旅馆。想要到达这座独一无二的海底旅馆，游客必须潜水6米左右，并穿过热带鱼群。

海底生活试验

水瓶座礁石基地

水瓶座礁石基地是世界上唯一一个正在使用的水下实验室。长 14 米、宽 3 米、重约 81 吨，位于距基拉戈岛（迈阿密以南 100 千米）5.5 千米远的海中，建在 27 米深的水下。其内部虽地方不大，但淋浴、卫生间、微波炉、冰箱、联网电脑等设施一应俱全。

在美国有世界上唯一一个可以在里面长期工作的水下实验室。从 2008 年开始，美国宇航局每年都会派数名宇航员潜入海底 18 米处的水下实验室生活与工作。

水瓶座礁石基地于 1986 年建成，属于美国国家海洋和大气管理局，由北卡罗来纳大学威尔明顿分校具体负责，曾被美国海军和宇航局使用过。1993 年，它用于凯斯国家海洋保护区大礁岛海底研究。此前，水瓶座礁石基地在美属维尔京群岛执行任务。

若要进入该水下实验室，通常要先乘船到它的上方，换上潜水服，再潜入海底。若有需要，可在实验室连续住上数星期，所需食物和工具都被装在防水的罐子里，由潜水员定期送往实验室。海面上的一个浮筒通过软管、绳子和电缆为水瓶座礁石基地提供空气、能量和通信服务。陆地上，一队工作人员时刻监控着实验室内部研究人员的生活情况。

但是水下生活也给科学家们带来了不少困扰。由于这里的空气浓度是水平面上的 2.5 倍，人体吸入氮的含量会随之增高，噪声会变得奇怪，耳膜也会感觉到不小的

所 在 地： 可移动式水下试验基地

特　点： 一个还算舒适的水下试验基地。或许能为以后人类的水下居住带来不少启示

压力，就连食物的味道也会变得淡而无味。不过，水下实验室还是给科学家们带来了不小的希望。他们想通过它掌握更多人类在水下生活的各种数据，期望有朝一日，人类能向广阔的海洋移民。

[水瓶座礁石基地]

Deep Sea Creatures

4 深海生物

海洋里高颜值的精灵
小猪章鱼

海洋里生活着形形色色的生物，有的晶莹剔透、有的呆萌可爱，小猪章鱼就是一种长相奇特的生物，令人不禁感叹大自然的神奇与伟大。

所在地：美国加利福尼亚州卡布里罗海洋水族馆

特　点：小猪章鱼的体长仅 10 厘米左右，其身体上有不同寻常的色素沉积，因圆圆的身体和卷曲的触角而得名

小猪章鱼的学名叫作 Helicocranchia pfefferi，体长仅 10 厘米左右，其身体上有不同寻常的色素沉积，头顶的触角看上去非常像卷曲的毛发，覆盖在较大的眼睛上方，它的皮肤图案在眼睛下方形成一个咧嘴的笑容，因此形成了一张可爱的脸孔。小猪章鱼的眼睛下方有一个发光器官，能够产生橙色光线。或许是因为它生活在海底 100 米的地方，在黑暗的深海，光源显得弥足珍贵。

美国加利福尼亚州卡布里罗海洋水族馆曾收集到这种小猪章鱼，该水族馆主管迈克·沙特负责拍摄到此图片，人们很少知道它的行为特征，科学家猜测它可能是一种游动缓慢的章鱼。

[小猪章鱼]

海葵

紫身配白色流苏的美丽大碗

一度被潜水爱好者们啧啧称奇的弹丸礁水底下的两个大碗实为一种动物。

我国南海弹丸礁海底珊瑚丛中有两只海葵仿佛是围着白色流苏的紫色大碗，它们依靠纤细触手上的刺细胞来捕食浮游生物以及鱼虾，寿命可长达数百年。

所在地：我国南海
特　点：靓丽夺目的紫色海葵

海葵是一种构造非常简单的动物，连最低级的大脑也不具备。虽然海葵看上去很像花朵，但其实是捕食性动物，它的几十条触手上都有一种特殊的刺细胞，能释放毒素。它没有骨骼，锚靠在海底固定的物体上，如岩石和珊瑚，或者固定在寄居蟹的外壳上。它可以很缓慢地移动。一份最新研究认为从基因编码上看海葵属于动物和植物的混合种。公主海葵身体的色泽鲜艳，有各种不同的颜色，可说是光彩夺目，它的表面平滑或有气泡状的突起，触手通常呈黄色或黄绿色，如遇到惊吓时触手会卷成树丛状。

多数海葵喜独居，个体相遇时也常会发生冲突甚至厮杀。两者常在用触手接触后立即将触手缩回去。若两者属同一无性生殖系统的成员，就逐渐伸展触手，像朋友握手相互搭在一起，再无敌对反应。暖海中的个体较大，呈圆柱形。在岩岸贮水的石缝中，常见体表具乳突的绿侧花海葵。在我国东海，太平洋侧花海葵数量很多，每平方米可达数百至近万只。在几平方厘米的贝壳、石块上，也会有紫褐色带橘黄色纵带的纵条肌海葵，当其收缩时酷似西瓜，又名西瓜海葵。

[弹丸礁海葵]
海葵是一种构造非常简单的动物，没有中枢信息处理机构，虽然看上去很像花朵，但其实是捕食性动物。

[海绵]

海绵这种动物总是生活在有海流经过的
海底，在千百万年的进化过程中，其完
善了一套利用天然流体流动能的本领，
从而节约了食物的化学能。

海洋鱼虾的酒吧

桶状海绵

在弹丸礁的水下发现了这种圆罐般的神奇生物——桶状海绵，其外形似一座小火山。在白天时，其中央凹洞可作为夜形性动物栖息的场所。

海绵能够像人们擦玻璃用的海绵一样吸水。凹凸的海绵壁将罐外的海水吸入罐内，并将水中的有机物过滤吸收，以不断补充能量。据说如果在四周的海水中加入染料，则可以看到水中色彩逐渐暗淡，染料透入罐内，然后从海绵火山口般的开口中缓缓溢出。海绵如此奇妙的结构也为其他海洋生物提供了隐蔽、集会的场所，有人将其形象地称为"海洋鱼虾的酒吧"。

所在地：我国南海

特　点：低等生命体海绵，以其奇妙的结构成为"海洋鱼虾的酒吧"

海绵的颜色主要是体内有不同种类的海藻共生，才使它们呈现不同的色彩。管状海绵的样子很像竖立的烟囱，所以又称为烟囱海绵。管状海绵的身体里有很多小孔。水不断地从小孔中流过，其中的营养物质就被管状海绵吸收了。同时，管状海绵产生的废物也会随着海水流走。海水从遍布海绵全身的小孔流入海绵的体内。每个小孔都通向一个叫作滤室的小房间。海绵动物鞭毛的摆动需要耗能，对于营固着生活的海绵动物，从食物中获得的化学能来之不易。

[桶状海绵]

巨型桶状海绵是吞食阳光的动物，它的外壳上生存着光合作用共生细菌。这种海绵失去光合作用共生细菌后就会"漂白"，就像珊瑚一样，一些海绵通常周期性漂白。事实上，海绵具有较多方式的共生有机体，其中包括不进行光合作用的真菌和细菌。一些海绵具有硅质骨骼，至少有一种海绵骨骼结构像纤维光学网络，可以疏导光线至海绵体内深层细胞。

造成海底交通堵塞的"产卵洄游"

珍鲹

海洋中生活中多种多样的生物，其中有一种名为珍鲹的鱼类，它与许多鱼类一样，有产卵洄游的特性，常造成海洋"塞车"。

所在地：我国南海岛礁

特　点：大批产卵洄游的海洋鱼类使海底通道显得格外拥堵

珍鲹也叫浪人鲹，夏威夷群岛人称它为 Ulua，英文名为 Giant Trevally。在广东，这种鱼也被称作白面弄鱼，它们平时集群在珊瑚礁周围活动、取食，我国南海岛礁附近的浅海是这种鱼的主要分布区。珍鲹体呈卵圆形，侧扁而高，随着成长，身体逐渐向后延长。头背部弯曲，头腹部则几乎呈直线。珍鲹是近沿海洄游性鱼类。成鱼多单独栖息于具清澈水质的潟湖或向海的礁区，幼鱼常出现于河口区域。主要在夜晚觅食，以甲壳类如螃蟹，龙虾等及鱼类为对象。

鲹科鱼类如日本的青甘鲹和我国台湾的红甘鲹，会群游到某一特定海域去产卵，这些地点通常是较外海的大洋，即它们原本出生的故乡，此种迁徙行为称为"产卵洄游"，这也是海洋"塞车"的原因。

[珍鲹]

活着的"海底圣诞树"
圣诞树蠕虫

深海生物

在泰国的最南端隐匿着一个被誉为"小马尔代夫"的海岛——丽贝岛,这是一个没有汽车纷扰的小岛,从深蓝逐渐变为孔雀蓝的海水颜色美得令人惊艳。可能许多人不知道,在其海底还隐藏着一个巨大的惊喜。

在丽贝岛水下可以看到各种颜色的鱼、海参、海胆、海葵、珊瑚等。运气好的话还可以看到海底"圣诞树",它们的树冠像彩色小伞,人们一摸,它们马上就会缩回去了,很好玩,这就是圣诞树蠕虫。

圣诞树蠕虫在 1766 年第一次被记载,它们很小,通常高度只有 5 ~ 6 厘米,是管虫的一种。它们有很多种颜色,黄的、橙的、蓝的、白的都有,广泛分布于世界各地的热带海洋。

圣诞树蠕虫的两个"冠"叫鳃羽,呈螺旋状,看起来像圣诞树,因此而得名。它们中绝大多数栖身在活珊瑚表面的"地道"内。只要被外物轻轻地触碰,或者感应到水流的变化,"圣诞树"便会暂时缩回洞内,速度之快超乎人们想象。有时候即使是影子它们也会马上有反应。实际上,这是圣诞树蠕虫的一种防御机制,这些树冠其实是它们的嘴,很敏感。当它们收起鳃羽隐藏时,会用盖堵住管口。

它们的鳃羽有很多不同的颜色,但一个个体通常只出现两种颜色。在一片区域通常会出现几只圣诞树蠕虫,但它们不会生活在一起。

所在地:丽贝岛
特　点:水下火的真实
　　　　再现

[圣诞树蠕虫]

圣诞树蠕虫又叫圣诞树管虫,它们有很多种颜色,黄的、橙的、蓝的、白的都有,广泛分布于世界各地的热带海洋。

地球上最大的珊瑚国度

珊瑚

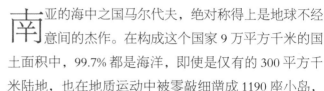

马尔代夫的命运和珊瑚休戚与共，人们尤其喜欢用"地球上最大的珊瑚国度"这样的名字来赞美它。

所在地：马尔代夫

特　点：用珊瑚造就的
　　　　王国，自然环
　　　　礁群作为其中
　　　　最知名的地貌，
　　　　非常值得一看

南亚的海中之国马尔代夫，绝对称得上是地球不经意间的杰作。在构成这个国家9万平方千米的国土面积中，99.7%都是海洋，即使是仅有的300平方千米陆地，也在地质运动中被零敲细凿成1190座小岛，星星点点地抛洒在海面上，其中最大的岛不过3平方千米，最小的岛只有一堆礁石，随时可能会被一股巨浪吞没。

海洋不仅给了马尔代夫绝美的自然环礁群，还给了该岛国一种更美的生命：珊瑚虫，珊瑚看起来像植物，实际上是海洋里的一种十氏级动物。一株珊瑚往往是成千上万亿个珊瑚虫的群体。活的珊瑚，在海水中五光十色，黄的、绿的、紫的、红的，色彩鲜艳夺目，称为海底之花。随着时间的推移，它们缓缓围聚在礁石四周，这些美丽无声的海洋精灵，用无数代从生到死的过程，彻底改变了这上千座礁石岛屿僵硬的形貌，浅海的礁石上布满死去珊瑚的不朽身躯，透过薄薄的海面，人们可以清楚地看到光线在那些姿态曼妙的珊瑚骨架上游离变幻。同时，大量的珊瑚也改变了浅海处的颜色，使环岛的一圈海水散发出乳白色的光晕，当海水冲上岛岸，

[五彩斑斓的海底]

看上去连浪花都变为了纯洁的白色。

世界海洋中的珊瑚种类数不胜数，但基本都是由石灰质、角质或革质的内骨骼或外骨骼组成。它们没有眼睛、鼻子，只有灵敏的触手，这也是它们的感觉器官。触手随水流慢慢漂动，自由地伸缩，捕捉流经附近的浮游生物和碎屑。当受到惊吓时，即刻将触手缩回藏起来。在四周触手的中央，有一个小口，这是珊瑚虫的嘴，叫作"口道"。口道进去就是一根直肠，没有食道和胃。珊瑚的繁殖方式是分裂，速度惊人，它能一分为二，二分为四，转眼之间，便儿孙满堂。但它们都在一个珊瑚体上，相互挤压、相互依靠；也有的珊瑚虫进行有性生殖，通过精卵结合，生成浮浪幼虫，由口道排出，随水漂流，遇到合适的地方，便附着站稳脚跟，发育成珊瑚虫，逐渐成长为群体。不是所有的珊瑚都能造礁，只有体内含有石灰质的珊瑚，如石珊瑚、鹿角珊瑚、多枝蔷薇珊瑚等，才有这种本领。

[五彩斑斓的珊瑚]

珊瑚为马尔代夫带来了生命力，因此这个国度的居民也用自己的方式在保护珊瑚：每一位游人都不容许从大海中带走任何东西，无论是珊瑚还是贝类。竖立在海边的警示牌上明确提示着，即使是一枚小小的扇贝都是属于海洋的。若是游人想带走一些纪念品，就要到指定的商店购买珊瑚或海螺类的工艺特产，但切记要保存好购买票据，否则就会有偷猎的嫌疑！

[深海活珊瑚]

在马尔代夫的众多岛屿中，有人居住的岛屿仅有200座。靠近海洋的人，大概是见惯了海底斑斓奇幻的世界，所以他们都喜欢把自己的周边布置得很鲜艳，马尔代夫人也不例外。他们尽可能地把马累的街道和房屋弄得缤纷亮丽——用碎珊瑚铺成街道并用珊瑚砌成精美的房屋。热带植物像绿丝绸一样将岛屿紧紧缠住，被刷成五颜六色的车子在树下惹眼地穿梭。

[珊瑚街道]

黑岩下成群的精灵

魔鬼鱼

　　魔鬼鱼是一种生活在热带和亚热带海域的底层软骨鱼类，被当地人称为"水下魔鬼"，平时底栖生活，但有时上升到表层游弋，在受到攻击或产卵洄游时会跃出水面。

[魔鬼鱼]

魔鬼鱼与中生代侏罗纪（约1.8亿~1.4亿年前）出现的鲨为同类。它们的尾柄上通常有1~3根毒刺，毒性较大。

所在地：暖温带及热带沿海

特　点：拥有非凡智慧的魔鬼鱼，凭借庞大的"翅膀"飞翔于海面上，成为一大奇观

　　墨西哥加利福尼亚湾沿岸的普尔莫角国家公园的海面上，常常有成千上万条"魔鬼鱼"跳出海面，凌空飞跃。这些会"飞"的"魔鬼鱼"到底是什么生物呢？

　　"魔鬼鱼"又称为蝠鲼，属于脊椎动物门，软骨鱼纲蝠鲼科，主要分布在暖温带及热带沿海，即岛屿海区，在我国南海海域也有分布。成年的"魔鬼鱼"体长约7米，重量可达到5000千克，是鳐鱼中最大的种类。蝠鲼背部呈现黑色或蓝色，在灰白色的腹部上有独一无二的斑点，这也成为科学家辨别蝠鲼的重要依据。蝠鲼背鳍退化，身体扁平，加之它们那如同翅膀的三角形胸鳍，以及胸鳍前两个类似耳朵的头鳍，形状吓人，因此被称为"魔鬼鱼"。

　　蝠鲼虽然长得吓人，其实它们的性情很温顺，它们已经在海洋中生活了一亿多年。在海洋中，蝠鲼常常悠然自得地扇动着胸鳍，拖着一条硬而细长的尾巴，就好

[魔鬼鱼城]

魔鬼鱼城位于大开曼岛海峡北部的一系列浅水湾。当数十年前渔民在这里抛下鱼类内脏和血水时，魔鬼鱼就开始在这里聚集。现在这里已经成为一处旅游胜地，游客们可以近距离地接触这些魔鬼鱼。

似一只风筝在风中飞舞，具有"吸尘器"功能的头鳍将珊瑚礁附近的浮游生物和小鱼吸入为食，海水通过鳃滤出，它们对其他生物没有攻击性。但如果受到惊吓，就会拼尽全力挣扎，由于它们强壮的身体和强有力的"翅膀"，瞬间迸发的力量足以击毁一只小船，连海中"霸王"——鲨鱼也不敢轻易袭击它们。但蝠鲼也有顽皮的一面。有时，它们会故意潜游在海中航行的小船底部，用"翅膀"敲打船底，让船上的人们惊恐不安；有时则游到停泊的小船旁，把小船的铁锚套在自己的头鳍上，拖着小船在海中游来游去。其实这都是蝠鲼的恶作剧。

蝠鲼最具特色的习性莫过于"凌空出世"的飞跃绝技。科学家经观察发现，蝠鲼在跃出海面前需要做一系列准备工作：在海中以旋转式的游姿上升，接近海面的同时，转速和游速不断加快，直至跃出水面，有时还会伴以漂亮的空翻。最高时，它能跳 1.5 ～ 4 米高，落水时发出"砰"的一声巨响，场面优美壮观。成千上万条"魔鬼鱼"集体凌空飞跃，下落后击打在水面上的场景宛如暴雨降落。

人们对蝠鲼集体"飞行"的行为有许多猜测，有人认为这是蝠鲼独特的繁殖行为；也有人解释这是蝠鲼在驱赶猎物并捕食的方式。但科学家更相信这是蝠鲼甩掉身上寄生虫和死皮的清洁方式。

对蝠鲼的最新研究表明，它们的大脑与身体大小比例在软骨鱼类中是最高的，这个比例和一些鸟类或哺乳类动物相近。也就是说，蝠鲼有很强的机动性和逐步增加的社交及认知能力。潜水者举出不少例子，当蝠鲼被鱼线缠住时，它们会配合和接受救援工作，有些受伤的蝠鲼甚至会主动向人类求助。

从蝠鲼摄食的方式也能看出它的非凡智慧，当浮游生物分散时，蝠鲼张开大嘴在水中穿梭捕食；当浮游生物聚集时，它就采用"气旋式摄食"；而当食物在海底沉积时，它会张开前鳍，让头紧贴着海底游动摄食；成群的蝠鲼摄食效率更高，它们扇动着翅膀，上上下下来回游动，将大量食物卷入口中。

酷似紫色袜子

异涡虫

在新西兰北部海域深达 1200 米的海底，生活着一种酷似紫色袜子的生物——异涡虫，它们长着奇异的下颚，通过对其进一步的研究，科学家们认为这种虫子或许是人类近亲。

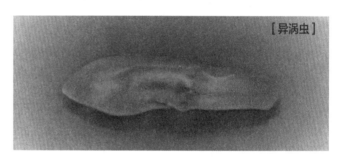

[异涡虫]

所在地：新西兰北部海域
特　点：酷似紫色袜子的生物，或是原始物种，通过对其进化方式的研究，对人类的进化有新的启示……

异涡虫的外形酷似紫色袜子，它无眼睛、脑子或肠子，只有一个小口用作进食及排泄。如何将其分类曾使科学家大伤脑筋，直到在太平洋深海又发现了4种该物种的同类，才得以确定它们属两侧对称动物。

"异涡虫"多见于海底冷泉、热液喷口及鲸尸体上，属两侧对称动物的原始品种，它可能是人类或至少是人类祖先的近亲。科学家认为，研究"异涡虫"有助于了解动物肠脏、脑及肾等器官是如何进化的。

发现该物种的科学家的研究范围涵盖了大约 9840 平方千米的海域，大约有 1200 米深。调查对象包括海底山脉、大陆架斜坡、深海峡谷以及海底热液喷口等。科学家发现，在海底其中一处探索到深海热液喷口形成的"黑烟囱"，这些地方是深海生物的栖息地，而生命就是从这些区域诞生的。

远古巨兽让观者感受最真实的恐惧

沧龙

影片《侏罗纪世界》中沧龙只出场了三次，但给人留下了深刻印象。沧龙生活在白垩纪末期，与著名的霸王龙同属一个时代，当霸王龙称霸陆地的时候，沧龙也正在海洋中称霸。

电影《侏罗纪世界》曾有一幅海报，是一只恐龙潜在水中，张开血盆大口吞食一条鲨鱼的瞬间。现在的海中霸主鲨鱼在这种级别的对手面前，一点招架之力都没有，甚至连逃跑都显得无望，这张海报的主角就是沧龙。

沧龙生活在白垩纪马斯特里赫特阶段（约 7000 万—6500 万年前），与著名的霸王龙同属一个时代，当霸王龙称霸陆地的时候，沧龙也正在海洋中称霸。沧龙有很多种类，其中最大的长达 18 米，生性凶猛，以群居为主。多以鲨鱼、剑射鱼、古海龟甚至是其他的沧龙为食。沧龙的牙齿锐利，呈圆锥形，弯曲呈倒钩状，双颚在咬合时产生的巨大扭力可将猎物拦腰咬断。科学家推测，沧龙应该是将猎物咬断或撕裂为适当尺寸后再吞下，其进食方式类似科莫多巨蜥，只是要血腥得多。沧龙的视觉很弱，但是嗅觉和听觉非常发达。它们依靠舌头来嗅探环境；它们的耳朵构造特殊，可以把声音放大 38 倍。科学家由其头部化石推定，沧龙利用上颚侧面与吻部的一组神经侦测猎物发出的压力波，以此确定目标的准确位置，就像今天的虎鲸利用声音定位一样。一旦确定了猎物的位置，它们会依靠其巨大的尾巴，在短时间内获得极快的速度，利用隐匿与爆发力成功地猎食。

虽然沧龙存在的时间很短，它们在白垩纪中晚期才出现并且迅速繁衍，随后和其他恐龙一起灭绝，但它们却凶猛异常，把比它们历史悠久得多的多种龙类赶尽杀绝了。

所在地： 远古时期世界各地的海洋

特　点： 称霸海洋的沧龙凭借其庞大的身躯，可猎食鲨鱼

[《侏罗纪世界》海报]

长相怪异会发光

巴哈马群岛生物

漆黑的深海海底总让人感觉静悄悄的，但如果突然有荧光般的光源出现，最好离它们远些，因为当看清它们的长相后，或许会更让人害怕。

所在地：巴哈马群岛附近海域海底

特　点：生活在海底1000米以下，在漆黑的海洋中，靠着自身微弱的荧光使人类发现了它们

[东方扁虾]

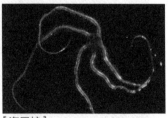

[海尾蛇]

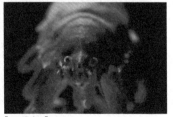

[深海蟹]

美国佛罗里达州诺瓦东南海洋中心的海洋生物学家曾利用"约翰逊海洋链接二号"深潜器潜入巴哈马群岛附近海域对深海发光生物进行研究，共发现了多种深海发光生物，这些生物都生活在1000米以下的海底，它们自身会发光，但是看上去就像来自外星球一样。它们就是东方扁虾、海尾蛇和深海蟹。

东方扁虾有着非常大的眼睛。它们巨大的眼睛可以帮助其在深海中敏锐地感应到其他海底生物产生的荧光。研究人员表示，对深海生物的研究工作面临着一项巨大的挑战，那就是他们必须保证当把这些生活在深海的动物带回到水面的时候它们不会被"热死"，特别是那些生活在热带海底的生物。

海蛇尾是近期发现的一类可以产生生物荧光的深海生物。科学家们对一堆深海生物进行仔细研究后才找出到底哪个才是真正的发光体。研究人员说，"它们在黑暗中发出微弱光亮的时候一切都变得很安静，你甚至都不愿意去破坏它。"

长久以来，对深海发光生物的研究内容都比较少。因此该研究团队的科学家也不确定这些发光生物是否仅仅存在于巴哈马群岛附近海域中，在其他海域中同样深度的海底是不是也有类似的发光生物存在。

海洋歌唱家

会唱歌的鱼

海洋生物各有各的特长，在太平洋中就有一些会唱歌的鱼儿，它们堪称海洋歌唱家。

暮春和初夏，在太平洋沿岸的一些地区，当风平浪静的时候，就能听到轻轻的哼歌声，那是雄蟾鱼唱着小夜曲呼唤雌蟾鱼到岩石间与它共舞一曲。

所在地：太平洋海域
特　点：海洋"鱼"才辈出，有各种各样的奇才，歌唱家就是其中一种

鱼儿如何唱歌

就蟾鱼来说，发出哼歌声的指令很简单。其大脑指示一对内脏肌肉振动气囊发声，而气囊通常起漂浮作用。这一发现并不只局限于会唱歌的鱼儿。更高等的动物在用更多的肌肉发声时，很可能也是通过类似的神经回路向每组肌肉发出指令的。对于雌蟾鱼来说，大脑倾听的工作也同样简单，它关注歌声的三个特征：音高、持续时间和音景。

用情歌呼唤爱侣

每年春天，那些准备繁殖后代的雄蟾鱼会从太平洋的深海游到自加利福尼亚中部向北一直到加拿大南部之间的多岩石的海滩。这些身长 20 ～ 25 厘米的雄蟾鱼用强壮的鳍在潮间带的砾石和岩石上建造小洞穴。

建好巢穴之后，这些雄蟾鱼便开始哼歌，时间大多是在晚上。这单调的曲子会将带卵的雌蟾鱼吸引到洞穴中。能成功引来雌鱼的小夜曲往往较长、较洪亮。这种哼歌声通常要持续几分钟，也有过长达 2 小时的纪录。一旦雌鱼选择了一个巢穴，它就会花 20 小时的时间将

[海洋歌唱家——蟾鱼]

[海洋歌唱家——蟾鱼]

鱼儿的发音器官是鳔。鳔是鱼儿的"潜水器"，是一个充满气体的鱼泡。收缩时，鱼儿下沉；膨胀时，鱼儿上浮。欧洲鳗鲡就是利用鳔收缩放气发出声音的。在大海里喧闹不休的大黄鱼和小黄鱼，它们的声音是由鱼鳔外两块长条形的肌肉收缩而发出来的。有些鱼类的鳔虽然不会发出声音，但它能作为共鸣器，起到扩音的作用。

约200枚卵产在巢穴的顶部。雄鱼则在卵上散播精子，一个一个地为卵授精。随后，雌鱼便在下一个满潮时游回深海。雄蟾鱼则继续低声哼唱，希望有更多的雌鱼进来产卵。仅一个巢穴中就能有多达3000枚卵，至少是15条不同雌鱼的后代。

在海洋中还有另外一种雄蟾鱼，它们是永远的单身汉。它们的身材要小得多——只有前一种雄蟾鱼身长的一半，体重仅有它们的八分之一——它们不能哼歌，不建造巢穴，也不吸引任何雌鱼。然而，它们并没有被排除在繁殖后代的工作之外。它们所做的就是偷偷溜入前者的巢穴中。护卫的雄鱼则发出不悦的呼噜声试图将它们吓跑。但有意思的是，一旦这单身汉侵入巢穴，这种抗议就停止了。有的时候，单身汉会将自己的尾巴插到巢穴口的岩石下，试图将自己的精子扇入巢穴中。

有一种鼓鱼，能发出"咚咚"如打鼓的声音，是海洋里的"敲击"能手。螃蟹也不差，它的几只脚相互敲打，便会发出如竹板的敲击声。这两种声音组合在一起，真像一首打击乐。比目鱼"唱歌"时轻声低吟，时而像风琴扣人心弦，时而像大提琴深沉回旋。"歌喉"最为优美的是那些赛音鱼。它们发出的声音，听起来就像人在歌唱，所以它们才是海洋里当之无愧的"歌唱家"。

巨型海绵动物

夏威夷海岸活体海绵

海绵是最原始的多细胞动物，2亿年前就已经生活在海洋里，至今已发展到1万多种，是一个庞大的海洋"家族"。因其不会游动，只能常年静卧海底，所以海绵的"年纪"很大，据说最老的海绵有4500多岁了。

在夏威夷西北海岸水下2100米处曾发现一只长达3.5米、高达2米、宽1.5米的海绵动物，被认为是世界上最大的海绵动物。

海绵动物呈世界性分布，从淡水到海生，从潮间带到深海都有分布。它们的身体柔软，但触摸起来却很结实，这是因为它们的内骨骼是由坚硬的含钙或含硅、杆状或星状的骨针和网状蛋白质纤维即海绵硬蛋白所组成的。

海绵没有嘴，没有消化腔，也没有中枢神经系统，是一种最原始的动物。它的捕食方法十分奇特，是用一种滤食方式。单体海绵很像一只花瓶，瓶壁上的每一个小孔都是一张"嘴巴"。海绵动物通过不断振动体壁的鞭毛，使含有食饵的海水不断从这些小孔渗入盆腔，进入体内。在"瓶"内壁有无数的领鞭毛细胞，由基部向顶端螺旋式地波动，从而产生同一方向的引力，起到类似抽水机的泵吸作用。当海水从瓶壁渗入时，水中的营养物质，如动植物碎屑、藻类、细菌等，便被领鞭毛细胞捕捉后吞噬。经过消化吸收，那些无法消化的东西随海水从出水口流出体外。

曾有杂志报道，海绵动物无法通过类似年轮的特征来估算年龄。但是在一定深度下的海绵动物一般能存活几百甚至上千年，最古老的达4500年。

所在地：夏威夷海岸

特　点：夏威夷海岸发现存活了上千年的活体海绵

[海绵]

海绵总是生活在有海流经过的海底，在千百万年的进化过程中，其完善了一套利用天然流体流动能的本领，一只高10厘米、直径1厘米的海绵，一天内能抽22.5升海水，出水口处的水流速度可达每秒5米。这种高速离去的水流保证了从体内排出的废物不再"重复利用"。

用电感受海洋变化

深海银鲛

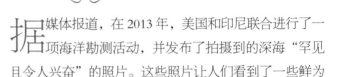

生活在苏拉威西岛深海中的银鲛，头部长有灵敏的电接收器，能够探测到其他海洋生物电磁场的变化。

所在地：苏拉威西岛深海
特　点：深海银鲛全身
　　　　银白色，光滑无
　　　　鳞，外表跟名字
　　　　一样诡异

据媒体报道，在2013年，美国和印尼联合进行了一项海洋勘测活动，并发布了拍摄到的深海"罕见且令人兴奋"的照片。这些照片让人们看到了一些鲜为人知的海底生物。

美国"奥克诺斯探索"号海洋勘测船通过远程操作仪器拍摄到高分辨率的苏拉威西岛深海环境，这些照片呈现出人们从未看到过的海底景色和多彩美丽的海洋动物。据美国国家海洋和大气管理局（NOAA）称，在海面以下240～3200米处，27个远程操作仪器发现了至少40个海洋新物种。

远程操作仪器还在苏拉威西岛深海中拍摄到深海银鲛，这种银鲛全身银白色、光滑无鳞，身上没有骨头，由软骨组成，头部

**[美国国家和海洋大气管理局
(NOAA)公布的"幽灵鲨"照片]**
美国国家海洋和大气管理局
(NOAA) 曾在 Instagram 公布了一
张俗称"幽灵鲨"的银鲛照片，它
因极其诡异的外表而引起网民热议。

长有3排牙齿，而脸上的眼状器官用以感应生物电磁场进行猎食。4亿年前它从近亲鲨鱼物种中分支出来。为了适应漆黑的深海环境，银鲛通过头部的电接收器，探测其他海洋生物电磁场的变化。

据了解，银鲛是鲛的祖先分出来的软骨鱼类，又被称为"活化石"。第一次看到它的网友都直呼不可思议，还有人说它长得好可怕，让人想要逃得远远的。

幽灵蛸

　　幽灵蛸又名吸血鬼乌贼，它就像从科幻电影中游出来的一样，身体上长着两只大鳍，看上去和两只耳朵一样；它的形态像胶冻状，更像一只水母，而不像鱿鱼或乌贼；它的眼睛非常大，身体只有大约 15 厘米长，球形的眼睛却有一条大狗的眼睛那么大。

　　幽灵蛸是一种发光的生物，身体上覆盖着发光器官，这使它们能随心所欲地把自己点亮和熄灭，当它们熄灭发光器时，它们在自己所生存的黑暗环境中就完全不可见。

[幽灵蛸]

　　100 多年前，一艘德国科考船首次从 4000 米的水下打捞到这种奇异的生物，它的表皮是黑色的，而眼睛却是红色的，看起来像传说中的吸血鬼，吸血鬼乌贼也便由此得名。但是，它的另一个名字幽灵蛸却表示它应该是章鱼的一种。那么，它究竟是乌贼还是章鱼呢？吸血鬼乌贼既不是乌贼也不是章鱼，乌贼有十条触腕，而吸血鬼乌贼却只有八条，这与章鱼非常一致。但是，章鱼的身体上没有肉鳍，这又是乌贼所特有的。所以，吸血鬼乌贼是乌贼和章鱼在分化成两种不同物种前共同的祖先。

所在地：海洋深处
特　点：如幽灵般随心
　　　　所欲地点亮和
　　　　熄灭发光器

　　和乌贼、鱿鱼、章鱼不同，幽灵蛸没有墨囊。它们的"手臂"上长着尖牙一样的钉子，有这样一对可以变化的"手臂"，使它们的捕食范围增加到身体两倍的长度，它们就是利用这对伸缩自如的触手同其他短些的触手合作来捕捉猎物的。遇到危险的时候，幽灵蛸就把触手全部翻起盖在身上，形成一个带钉子的保护网。

　　就胶冻状的生物而言，幽灵蛸游泳的速度非常快，最快每秒可以达到两个身长，而且可以在启动后 5 秒内达到这个速度。如果危险就在眼前，它们能连续几个急转弯来摆脱敌人。它们的鳍可以帮助游泳，就像企鹅和海龟所做的那样划水。

活 的 海 底 电 线

发电细菌

海底的生物有多神奇？你能想象靠电流呼吸和生存的细菌吗？这刷新了人们对海洋认识的细菌被研究人员称为"活的海底电线"。

所在地： 丹麦

特　点： 特殊的生活环境造就了细菌的导电能力

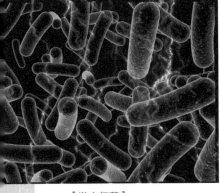

[发电细菌]
到目前为止，只在海底沉积物的厌氧环境中发现了这种细菌。这个新发现的物种的数量多得惊人，在接受测试的沉积物样本中，平均每立方厘米便有4000万个这类细菌的细胞，估算下来，这可以形成117米长导电的超细电线。它能否为人类所用，或许是研究人员的新课题。

丹麦奥胡斯大学的微生物学家在研究海底沉积物时发现了一种细菌，它能在几厘米的距离上导电，并能通过组成的"电线"连接泥底的食物和上层的氧气，因而被称为"活的海底电线"。

这些细菌在海底沉积物中竖直排列，如果把不导电的钨片横着插入细菌中，细菌会发生短路，电流也中断了。在显微镜下，这种细菌看起来很像电子设备中的电线。每个细菌在纵向都有15～17根能够导电的纤维，每一根纤维都是由许多相连的细胞组成的，这些细胞每一个只有几微米长，非常之小，其直径只有人类头发直径的百分之一。

为什么细菌会进化出导电这一不同寻常的能力呢？原来，在海底深处蕴含着巨大的能源储藏：大量的硫化物。但是，大部分生物无法使用它，因为环境中缺乏氧气。这些硫化物是能量丰富的电子供体，但它们要释放能量，就必须为这些电子找一个去处，通常而言就是氧气。这就像人类既需要吃食物又需要呼吸才能活下去一样。而这种细菌找到的解决方案就是用一条导线把泥底的食物和上层的氧气连接起来。在底部的泥浆里，细菌从硫化物里获取能量，然后把电子送到上面去；而在顶部富含氧气的海水里，细菌就可以利用充足的氧气接受送来的电子，完成呼吸过程。

漫天星辰的深海奇观

萤火鱿

漆黑的深海为何会有亮光？那如同满天星一样的场景，原来是因为一只萤火鱿产下了几千颗卵，看起来就像千万颗星辰在黑夜中闪烁、漂浮……

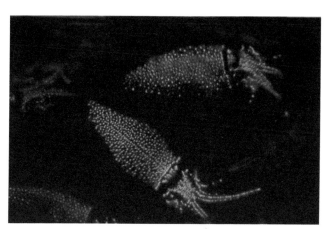

[萤火鱿]

每年3—6月，日本富山湾总是游人如织，人们只为观赏夜晚发出荧光的海面。科学家们发现，富山湾靠岸处有一个"V"字形海谷，时常会有自上而下的涌升流将萤火鱿推上岸边，浩浩荡荡的萤火鱿就会聚集在此产卵。因此，到了夜晚成百上千万的萤火鱿一齐发光，照亮了整个海岸，一眼望去就像人间仙境。

有这样一群生物，它们在生命的最后一刻，依然绽放光芒，带着浪漫勾勒出绝美的荧光。这样一群可爱的生物叫萤火鱿。

萤火鱿栖息在海洋中层带，可算作深海生物，因此也有着深海生物的特点——可以发光。萤火鱿的发光器长在触手尖端，它们用这些光的明暗闪烁来吸引猎物，然后用强有力的触手抓住猎物。

萤火鱿能够用整个身体发光，它们的身体覆盖着微小的发光器，可以协调一致地发光，或者交替发光并构成无穷无尽的图案。这些发光生物的共同点是发出蓝色和绿色的光线，因为只有微弱的蓝光和绿光可以在海中传得比较远，而红光则很近而且难以反射，看起来就和黑色差不多，这就是为什么许多深海鱼是红色的，因为红色在那里等同于黑色。

所在地：海洋深处

特　点：发光，是深海生物捕食的诱捕器

海洋丝绸

足丝

我国的蚕丝世界闻名，可是有一种相当罕见、无比珍贵的海洋丝绸——这种丝制品是用海底巨型软壳动物的分泌物织就的，被人们称作"足丝"。

所在地：马尔代夫

特　点：弥足珍贵的足丝，以其独特的生产加工工艺，成为濒临失传的又一项技艺

[足丝制品]

虽然现在在意大利的阿普利亚仍有些年长的妇女可以编织足丝，但没人能够使它闪闪发光，或者像基娅拉·维戈那样用传统色彩给它染色。而且，维戈是意大利唯一一个懂得如何"收割"足丝的人，而且是在不杀死大蛤蜊的情况下。

在古代，用足丝纺成的珍贵布料，在被加工成服装后是专供"重要人士"穿着的。

足丝的加工工艺非常独特，只有最熟练的工匠才能玩转这些极脆弱的细丝。而现在，全世界只剩下一个女人守护着这项高难度工艺的秘密。意大利人基娅拉·维戈被认为是世界上仅存的、唯一知晓如何采收足丝，并且编织这种闪耀如金的丝制品的人。

足丝历史悠久，大英博物馆的镇馆之宝、制于公元前的罗塞塔石碑曾提到过这种特殊材质，据说在法老王的陵寝里也曾发现过足丝制品的残片。古埃及、古希腊和古罗马人都认为，足丝是最上乘的编织材料，它最显著的特点之一就是会在阳光下闪闪发亮——用柠檬汁和香料精心加工处理过后，一旦暴露于阳光之下，足丝就会发出金子般的光亮。

据了解，每年只有很短的一段窗口期才能去收集足丝，而一只大蛤蜊（这种濒危的扇形软体动物起源于地中海海床）每年只能生产 10 克左右的足丝原料，10 克的足丝原料只能制造出 1 克足丝线。并且收割足丝也极为费时费力，通常潜水 300 ~ 400 次，才能仅仅搜集到 200 克的足丝。

作为世界唯一的足丝艺人，维戈希望自己的女儿在将来的某一天追随她的脚步，将足丝这项技艺传承下去。

世界上第一种无氧生物

钦齐娅

氧气对于地球生命来说非常重要，不仅如此，在冶炼工艺、化学工业、国防工业等方面都需要氧气的参与，但是，在地中海海底有一种不需要氧气的生物，并且还具备繁殖能力。

意大利的研究人员达诺瓦罗在过去 10 年中曾 3 次勘测地中海中的一处盆地，企图找到生活在那里的动物群。这处盆地距希腊克里特岛西海岸约 200 千米，最深处约 3500 米。盆地内的海水含有大量盐和硫化物，几乎没有氧气。

所在地：地中海海底
特　点：在无氧环境下
　　　　生存、繁衍

这种环境对于大多数生物来说是无法生存的，但是研究人员在勘探中发现了 3 种生物。它们的外表像穿着保护"铠甲"的水母，体长不到 1 毫米。人们先前发现多种能在无氧环境下生存的生物，但全都是单细胞生物。

它们是什么

起初，达诺瓦罗认为这种环境下不可能生存细菌、

[陆地无氧生物毯]

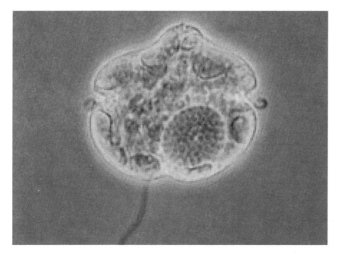

[世界上第一种无氧生物]

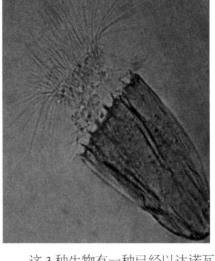

地中海海底新物种与其他后生动物有着根本性区别，它们的体内并没有线粒体，线粒体细胞能够使用氧气和糖生成细胞所需的能量。而对于这些新物种，它们非常类似于氢化酶体，氢化酶体通过一些单细胞属真核细胞产生能量，期间无须氧气供给。

病毒和古生菌，但是最新研究显示，当这3种生物被采集时，其能够吸收一种经过放射性标记的亮氨酸（一种氨基酸），而且借助荧光探针，能够标记活体细胞，这表明其是活体动物。

这3种生物有一种已经以达诺瓦罗的妻子"钦齐娅"的名字命名，另外2种的名字仍有待确定。

在发现的3种生物中，有2种体内有卵。虽然达诺瓦罗没有把这些生物的活体带上考察船，但却在船上实验室的无氧环境中成功地孵化了它们的卵。这就意味着，这些多细胞动物可以一直在海底无氧环境中生存，如海面以下的热液孔和其他厌氧海底盆地中凹陷区域。这一发现拓宽了人们对生物生存能力的认识。

微生物毯曾覆盖着早期地球，目前其在一些竞争者无法生存的极端环境中存在，如盐沼泽、贫瘠的沙漠、热温泉或者南极洲。

作为一层微生物结合体，它们构成自己独特的微型生态系统。光合作用细菌和化学自养细菌生存在这一生态系统之中，许多细菌以其他的副产品为食。依据细菌所处微生物毯的深度，它们可以有氧呼吸，也可以无氧呼吸。

被世界关注

事后，达诺瓦罗将这一发现发表在《ＢＭＣ生物学》期刊上。美国斯克里普斯海洋学研究所的莉萨·莱温在期刊上发表评论说，在此之前，"没有人发现生物能在没有氧气的情况下生存与繁衍……也几乎没有出现过对铠甲动物门生物的报道"。

"究竟是人们忽视了它们，还是它们太珍稀以至于没有被发现？现在我们还不清楚。也可能是科学家想寻找它们，但却找错了地方。"

莱温说，科学家对这些铠甲动物门生物进行深入研究后，也许就能回答其他星球上是否有生命存在这一问题。

海洋用电高手
电鳗

电鳗外形像蛇，体长 2 米左右，多生活于南美洲和中美洲等附近海域的海底。电鳗常常一动不动地躺在水底，通过"电感"感受周围环境的变化，一旦发现猎物，就放电将其击毙或击昏，然后饱餐一顿。

电鳗是放电能力最强的鱼类，输出的电压达 300 ～ 800 伏，因此有水中"高压线"之称。电鳗的发电器的基本构造与电鳐类似，也是由许多电板组成的。它的发电器分布在身体两侧的肌肉内，身体的尾端为正极，头部为负极，电流是从尾部流向头部。当电鳗的头和尾触及敌体，或受到刺激影响时即可放出强大的电流。电鳗的放电主要是出于生存的需要。因为电鳗要捕获其他鱼类和水生生物，放电就是获取猎物的一种手段。它所释放的电量，能够轻而易举地把比它小的动物击死，有时还会击毙比它大的动物，如正在河里涉水的马和游泳的牛也会被电鳗击昏。

电鳗放完体内蓄存的电能后，要经过一段时间的积聚，才能继续放电。因此，巴西人捕电鳗时，总是先把家畜赶到河里，引诱电鳗放电，或者用拖网拖，让电鳗在网上放电，之后再捕杀暂时无法放电的电鳗。

电鳗如何放电

电鳗尾部放出的电流，流向头部的感受器，因此在它身体周围形成一个弱电场。电鳗中枢神经系统中有专门的细胞来监视电感受器的活动，并能根据监视分析的结果指挥电鳗的行为，决定是采取捕食、避让或其他行为。有人曾经做过这样一个实验：在水池中放置两根垂直的导线，放入电鳗，并将水池放在黑暗的环境里，结

[电鳗]

所在地：南美洲和中美洲海底

特　点：电鳗放电是一种捕食和打击敌害的手段，有时也是一种生理需要。电鳗能随意放电，自己掌握放电时间和强度，发电器最主要的枢纽是器官的神经部分

果发现电鳗总在导线中间穿梭，一点儿也不会碰导线；当导线通电后，电鳗迅速往后跑。这说明电鳗是靠"电感"来判断周围环境的。

电鳗捕食的时候，首先悄悄地游近鱼群，然后连续放出电流，受到电击的鱼马上晕厥过去，身体僵直，于是电鳗乘机吞食它们。电鳗放电，有时也不一定是为了捕食，也可能是一种生理需要。被电鳗电死的鱼，往往超过它们食用所需要的量，这给渔业生产带来危害。

南美洲土著居民利用电鳗连续不断地放电，需要经过一段时间休息和补充丰富的食物后，才能恢复原有的放电强度的特点，先将一群牛马赶下河去，使电鳗被激怒而不断放电，待电鳗放完电筋疲力尽后直接捕捉。

放电不是电鳗的"专有权"

除了电鳗，海洋中的电鳐、电鲶等也是放电高手。

电鳐是一种软骨鱼类，生活在热带和亚热带近海，我国的东海和南海也有分布。它常将身体半埋于泥沙中，或在海底匍匐前进。科学家研究发现，生活在大西洋和印度洋的热带及亚热带近岸海域中的体型较大的巨鳐，可以产生60伏的电压、50安的电脉冲以及3000瓦功率的，足以击毙一条几十斤重的大鱼。

电鲶也是一种能发电的鱼，在非洲的尼罗河有大量分布。电鲶有成对的发电器，位于背部皮下，它的发电电压高达350伏。

当然，并不是所有的电鱼都能发出很强的电，海洋中还有很多能发出较弱电流的鱼。它们的发电器官很小，电压最高也只有几伏，不能击死或击昏其他动物，但它们的放电功能就像水中雷达一样，可用来探索环境和寻找食物。

[电鳗]

[电鳐]

比GPS定位还准确的电感受器

高鳍真鲨

一些生活在海洋中的鱼类的捕食绝招是放电。据悉，世界上至少有500多种鱼类拥有放电或检测电场的能力，这个与生俱来的本领，能帮助它们有效地捕获猎物或抵御入侵者。

[高鳍真鲨]

生活在海洋中的鱼类，很多都是放电高手，它们不但可以快速感受水中的微弱电流，还可以释放电流，将猎物电晕，之前我们讲到过电鳗和电鳐通过放电捕捉猎物。

可以感受电流，以确定猎物位置的器官被称为电感受器。电感受器通常是由位于体表的侧线器官变态而成，因此对机械刺激也有反应。电感受器管腔内充满高导电的胨胶样物质。电感受器能对外界0.1微伏/厘米电场充分反应。

有些鱼类没有放电器官，但却具有电感受器，能够感受其他动物的肌肉（如呼吸肌和游泳肌）所产生的微弱电流。鲨和鳐可以通过这种方式来寻找其他鱼类，即使那些鱼停止游动或潜在泥沙中不动也逃脱不了。例如，高鳍真鲨头部分布着数百个特殊的毛孔，相当于一组电感受器。这种感官系统能够检测到动物通过心跳或肌肉运动发出的电场。借助这种能力，高鳍真鲨能检测到大约一平方米内猎物的位置。

所在地：北大西洋及中美洲海底

特　点：超高效的电感受器，可以接收到非常微弱的电流，如狗鲨和射鳐的电感受器能对 $5×10^{-11}$ 安培的微弱电流发生反应

海洋中的"蛋黄"

蛋黄水母

生活中常见的蛋黄，相信大家都很熟悉，但海洋中的蛋黄，想必很多人就比较陌生了，其实这是一种水母，故称为蛋黄水母。

所在地：地中海

特　点：外形犹如打开
　　　　的蛋黄一般

生活在海洋中的活"蛋黄"其实是一种水母，它叫蛋黄水母，正如其名字一般，它拥有一个酷似蛋黄的外形，让人乍一看以为是一个蛋黄在水面上漂浮。

蛋黄水母的伞体呈圆盘形，直径一般为 35 厘米，最大可达 50 厘米，属于比较大的体型。由于体内的生殖腺或其他胃囊等结构，使身体在透明中出现中央隆起的金红色或橘红色，看起来美味诱人，就像刚煎好的荷包蛋。

水母一般以鱼叉状的触手为武器，当它们碰触到猎物时，就会射出触手上刺细胞的毒液，捕食猎物。猎物经口腕沟靠纤毛作用送入口及胃腔，胃丝上的刺细胞会杀死猎物，再由胃丝上的腺细胞分泌消化酶消化食物，消化后的营养物靠环流管壁的纤毛摆动以推动营养物由胃腔经从辐管进入环管，再经正辐管、间辐管、胃腔及口将未消化吸收的食物残渣排出体外。

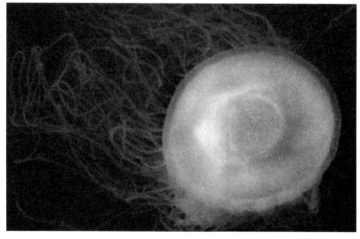

[蛋黄水母]

发现最接近外星生物的生命体

海底虾

生命到底可以接受多么严格的考验，或许一种栖息在热液喷口处的海底虾能给予你想要的答案。

美国研究人员的最新研究显示，一种叫作"Rimicaris hybisae"的神秘海底虾，栖息的热液喷口处的温度可攀升至400℃，但周围的水温会略低，在这样的环境下，"Rimicaris hybisae"却能顽强地存活下来。

这种"极端环境海虾"的进化历程提供了潜在外星生物的重要信息，美国科学家甚至认为，类似的生物可能存在于其他星球，如木星冰冷的卫星木卫二，它拥有次表面海洋。

科学家从两个深海热液喷口处采集了大量样本，即分别是海底2300米的冯-达姆热液喷口和海底4900米的皮卡德热液喷口，它们分别是世界最深的热液喷口之一。高浓度硫化氢对于生物体有毒，但小虾吃的细菌却需要一定的硫化氢生存。大自然给了这样的解决方案：它们爬到浓度刚刚合适的边界地区，那里既有含氧的海水又有丰富的硫化物，这样就能和细菌和谐共处了。

美国国家航空航天局喷气推进实验室资深科学家认为：地球上的大多数生命体仅以微生物形式存在，因此木卫二生命的最佳存在形态就是微生物，至于是否存在这样的微生物取决于热液喷口释放的能量到底有多少。

所在地：加勒比海

特　点：海底虾可以在400℃的有毒环境中生存，这给科学家以提示，或许在木星的卫星木卫二上，也存在有这样的微生命体

[海底虾]

研究人员发现，当一群海底虾聚在一起时，它们主要吃那些特殊细菌，因为细菌会产生碳水化合物。而在分布比较稀疏的海区，它们则表现出食肉性，食物包括蜗牛、甲壳动物（虾、蟹），甚至自相残杀。虽然研究者并没有亲眼看到它们互相蚕食，但他们在它们的内脏里找到了甲壳动物的尸体。

深海生物

海底淤泥中的发现

深海青霉菌

在地球上最为凶险的环境中仍然发现有青霉菌，这些生命使我们对地球生物的生存极限有了更新的认识。

所在地： 南太平洋

特　点： 太平洋海底淤泥中的青霉菌，能否为人类提供新型抗生素

美国南加利福尼亚大学的生物地球化学家与美国得克萨斯 A&M 大学的分子地球微生物学家发现，南太平洋海底的沉积物中有青霉菌生存，能在如此荒凉严酷的环境中找到多细胞生物，"使我们对生命在地球上生存的极限有了更新的认识"。

为了追踪早期的深海青霉菌，2010 年，研究者在南太平洋的"综合大洋钻探计划"中研究了位于海床以下 127 米、年龄超过 1 亿年的沉积物。这些沉积物位于远离陆地的南太平洋环流之下。因为鲜有营养物质到达，这里是地球上最为死寂的地区之一，生活在海底沉积物表面的微生物会尽可能地吃掉一切沉到海底的有机物。研究者在淤泥样品中找到了青霉菌的遗传物质（至少 8 组序列），还成功地培养出 4 组青霉菌群。

研究者表示，尚不清楚海底沉积物里的青霉菌的年纪是否都超过了 1 亿岁。随着新的海底碎屑堆积，它们也许已经在不同深度的沉积物中持续繁衍着。然而值得注意的是，这些青霉菌已经被隔离了很长时间，可能已经演化出不寻常的抵抗其他细菌的能力，可以作为提取新型抗生素的来源。对生物学家来说，这一发现有可能让人们从这些古老的青霉菌中提取出新型抗生素，在细菌耐药性不断提高的今天，这显得非常珍贵。

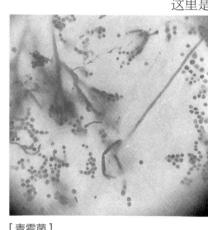

[青霉菌]

遗传了细菌的能量基因

深海病毒

据一项新的研究披露，与海洋表面病毒在很久以前从蓝藻细菌那里遗传了光合基因类似，在深海的热液喷口周围生活的病毒从繁茂生长的细菌那里获取了硫氧化基因。

硫氧化基因的发现提示，噬菌体在地球的硫循环中扮演着一种关键性的角色，且它们具有在黑暗的海洋中进行化学合成所需的遗传多样性。

所在地：西太平洋及加利福尼亚湾

特　点：高科技基因排序的检测，能否为人类健康事业带来新的提示

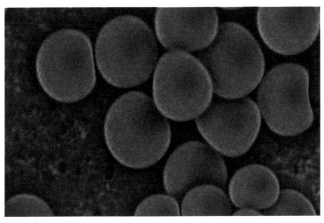

[病毒]
病毒是一类不具细胞结构，具有遗传、复制等生命特征的微生物。

研究人员对来自西太平洋及加利福尼亚湾的热液喷口羽状流中的 18 种噬菌体的基因组进行了测序，这些噬菌体专门感染一组叫作 SUP05 的海洋细菌。他们发现，18 个病毒基因组中有 15 个含有与逆向异化型亚硫酸盐还原酶或 rdsr 有关的代谢基因；rdsr 是一种可氧化元素硫的细菌酶。且因为硫是热液喷口附近的 SUP05 细菌的一个丰富的能量来源，研究人员表示，这样的病毒基因组可帮助补充或维持那些化学合成细菌的代谢。

病毒同所有的生物一样，具有遗传、变异、进化的能力，是一种体积非常微小、结构极其简单的生命形式。病毒有高度的寄生性，完全依赖宿主细胞的能量和代谢系统获取生命活动所需的物质和能量，离开宿主细胞，它只是一个大化学分子并停止活动。遇到宿主细胞后，它会通过吸附、进入、复制、装配、释放子代病毒而显示典型的生命体特征，所以病毒是介于生物与非生物之间的一种原始的生命体。

深海食肉新品种

竖琴海绵

地球上的生物通过不断地进化来适应生态环境的改变，因此出现了许多新物种。

[竖琴海绵]

所在地： 加利福尼亚海
　　　　岸深海
特　点： 一种新型的深海
　　　　肉食海绵——竖
　　　　琴海绵

竖琴海绵是生活于加利福尼亚海岸深海 3300 ～ 3500 米以下的食肉性海绵。来自美国加州摩丝码头的蒙特利湾水族研究所的研究小组发现加州北部海域生活着一种奇特的深海掠食者，它的基础身体结构类似竖琴。从事这项研究的科学家认为竖琴海绵进化形成了独特的枝状结构，从而增大了接触洋流的身体面积，也增大了捕获猎物的概率。

竖琴海绵有 6 个叶片，有的仅有两个，从身体中心呈辐射状伸展。这种海绵枝状分肢覆盖着倒钩刺，能够诱捕小型甲壳类动物，之后用纤薄的体膜将猎物包裹起来，缓慢地将猎物消化。

通常情况下，海绵以应变细菌和水滤有机物质为食，但是近 20 年内科学家首次发现了一些食肉海绵物种。蒙特利湾水族研究所的研究人员指出，竖琴海绵是一种独特的生物，为了适应条件恶劣的深海环境，它进化形成了食肉性特征。其捕食方法是用它们的身体过滤海水，然后将滤出来的细菌和有机物吃掉。

惊现 6500 万年前腔棘鱼活标本

腔棘鱼

腔棘鱼被认为在 6500 万年前就已经灭绝，但是 1938 年，一位海洋生物学家在查看非洲当地渔民打捞上来的鱼时，发现了腔棘鱼的活标本。不仅如此，此物种的第二例也在印度尼西亚发现。

腔棘鱼当之无愧是地球十大活化石物种之首，这种鱼类曾被认为在白垩纪末就已从地球上灭绝，但在 1938 年之后，非洲多个国家陆续报道称发现了腔棘鱼，并将它列入 "Lazarus Taxon"（是古生物学的专有名词，意思是那些在化石记录中突然消失的物种）。

现存的腔棘鱼属于矛尾鱼属，是肺鱼和四肢哺乳动物的近亲，其历史可追溯至 4 亿年前，它们主要生活在海洋底部，但有时也会出现在海洋表面。

所在地：科摩罗群岛

特　点：腔棘鱼在海洋中生活了近 4 亿年，被称为"恐龙时代的活化石"

什么是活化石

这个名词乍听之下很矛盾，因为生物死后才会变成化石，如何会有活化石呢？其实这个名词是被创造出来的，这些活化石生物的构造和在地层中几千万年前祖先的化石十分接近。目前被称为活化石的生物除腔棘鱼外，还有肺鱼和鲨等生物。

为什么这么重视腔棘鱼

在 4 亿年以前的地层中，腔棘鱼属于总鳍鱼类的肉鳍鱼，是主要的鱼类化石之一，但到距今 7000 万年以后便越来越少，甚至完全没有这种化石的痕迹，因此，一般认为这种生物已和后来出现的恐龙一起灭绝。

腔棘鱼曾是脊椎动物登上陆地的关键时期主要的水生脊椎动物，而且它和其他鱼类不太一样，腔棘鱼具有

[腔棘鱼外形示意图]

据 1994 年的一项调查估算，该种群有 230 ~ 650 只。经过上百万年的分离，它和原来的物种已经有了基因根本上的不同。不幸的是，这种鱼除了展览之外没有任何价值，因为不能吃，而且渔民也觉得不太好抓，所以不要期待能很快在餐桌上看到这种鱼。

[腔棘鱼化石]

像四肢一样的鳍，因此，很早以前，古生物学家就曾怀疑腔棘鱼是陆生四足类的祖先，但只从化石中实在无法了解腔棘鱼是如何行动及如何呼吸的。因为以四足来行动以及由空气中获得所需的氧，是水生动物演变成陆生动物过程中两个必须解决的问题，而要了解腔棘鱼的这两种生理特征，除了找到一尾活鱼来研究外，别无他法。

腔棘鱼是现存生物中曾与恐龙同时分别横行水中与陆上的生物，腔棘鱼的一些生理和生态行为的模式，或许可提供更多的证据，来支持我们对恐龙时代一些生态环境的推测，这些都是为什么当发现腔棘鱼时，科学界为之疯狂的原因。

哪里有腔棘鱼

据目前的数据，可以确定的是科摩罗群岛是世界上唯一每年都有腔棘鱼捕获记录的地区，分别在努加斯加岛和昂儒昂岛。每年平均各有 6 ～ 8 尾和 4 ～ 5 尾腔棘鱼被捕获。除此之外，印度洋其他地区则只有单尾被发现的记录，如 1938 年在东伦敦外海所捕到的第一尾腔棘鱼；1991 年在莫桑比克海域曾捕到一尾腔棘鱼；另外 1995 年在马达加斯加也有捕获一尾的记录，这些不在科摩罗群岛捕获的腔棘鱼是由科摩罗群岛漫游过来的，或是一些科摩罗群岛腔棘鱼的卫星族群？无人可以确定地回答这个问题。

科摩罗群岛发现较多腔棘鱼的原因，有人认为可能是当地特殊的渔法所造成，但在对印度洋中一些和科摩罗群岛有相似地形的地区进行调查前，即具有火山形成的陡降海底斜坡，这个问题只好悬在那里。但无论哪一种情况，腔棘鱼的族群应该是非常小的，必须加以保护。

比腔棘鱼还古老的侏罗纪微生物
海底细菌

无论大自然有着怎样的变迁，生命总有办法不断超越自身，以适应外界的环境。深埋于海底之下、有 8600 万年历史的红色黏土中的细菌，依靠极其微量的氧气，顽强地生存下来。

大自然的规律是不断超越自身，所以在海水里面竟然有比腔棘鱼生存更久远的生物足以让人们大吃一惊。刊登在科学杂志上的一项研究报告说，这些微生物所用的氧气是如此的少，以致它们仅勉强能算作有生命。地球上的单细胞生物中大概有 90% 是被埋在海床下生活着的。由于这些微生物是以如此的慢动作生活，因此科学家们要等 1000 年才能注意到深海微生物所发生的任何变化。

[古老细菌的家园——深海红色黏土]

但是，研究人员通过研究沉积物柱发现生活在这些沉积物柱中的细菌是活着的，而且还在主动地消耗氧气，尽管是以极端缓慢的方式。这些微生物对其沉积物生物质的周转速度为几百年至几千年一次。这可能反映的是细胞分裂的速度，但它们也可能只是表明一个为期 1000 年的细胞修复周期。在最低限度情况下，微生物需要能量来维持其跨膜电位并维持其酶和 DNA 的运作；而至于它们如何得以存在，仍没有明确解释。

但是，该微生物种群从恐龙横行地球的时候起就没有从外界获得过食物，仍然还活着并且是活跃的。虽然让人很难相信，但不妨碍它们成为这个星球上最古老的的生物。

所在地：深海黏土中
特　点：仅靠微弱的氧气含量而生活的细菌，证明自己是这个星球最古老的生物

海洋神秘军团

梭鱼群

梭鱼的身影遍布世界各大海洋，人类却对其知之甚少；它们是孤独的猎手，却靠着联合的力量抵御外敌；它们凶猛如同鲨鱼，却对人类充满戒备与好奇。

[梭鱼]

梭鱼体覆圆鳞，背侧青灰色，腹面浅灰色，两侧鳞片有黑色的竖纹。为近海鱼类，喜栖息于江河口和海湾内，也进入淡水。

所在地：大西洋以及太平洋的巴布亚新几内亚海域

特　点：通常成群出现的梭鱼，却是种向往单身贵族生活的鱼类

梭鱼是近海鱼类，喜爱群集，栖息于江河口和海湾内。我国古代就对梭鱼有较多的认识。屠本峻在《海味索隐》中说它"不嫌入淤而食泥"。梭鱼常常用下颌刮食海底泥沙中的低等藻类和有机碎屑。梭鱼幽门胃的肌肉很发达，像一个砂囊，非常适合研磨和压碎泥沙中的食物。

"一山难容二虎"的传说是否真实

许多海洋传说由渔民们口口相传，亦真亦假，有时反而让人们产生误解。或许是出于"一山难容二虎"的观念，民间认为梭鱼和它们的主要竞争者鲨鱼，不会同时生活在同一片海域。那事实是否真的如此呢？

研究人员对这一观点给予否定，尤其在大西洋以及太平洋的巴布亚新几内亚海域，研究人员拍摄到了这两种生物共存的情景。迄今为止，人们发现的梭鱼有 20 种，生活在不同海域的梭鱼有着截然不同的行为方式。当然，它们的最大共同点是独居。

是的，没有看错，虽然梭鱼会成群的出现，当梭鱼群遭受外敌入侵或袭击时，鱼群中所有的鱼都会齐心协力地用自己的身体反射光线，闪闪的粼光令侵略者陷入迷惑，鱼群伺机逃跑。梭鱼群还可以排列成壮观的队形，对于两眼昏花的鲨鱼来说，一个由上百条梭鱼组成的庞大群体可能被错认为是一条危险的"超级大鱼"。

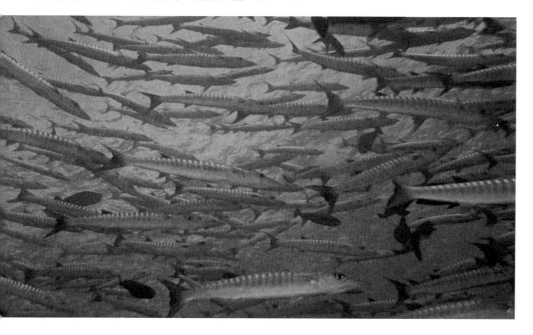

喜欢独自捕食的梭鱼

梭鱼只成群地抵御和击退潜在的敌人，到了夜晚，它们就会分道扬镳，独自上路捕猎去。成年的梭鱼可以长到2米长，几乎没有天敌。北美墨西哥湾的梭鱼，似乎特别好奇与机警，对于潜水员的出现，它们能很快意识到并作出反应。相比之下，鲨鱼的反应就迟钝得多。其实这是因为鲨鱼的视力较弱，观测周围的事物变化主要依赖它们敏锐的嗅觉，而梭鱼则是仰仗一副好眼力，至于嗅觉就不怎么样了。富饶迷人的巴布亚新几内亚海域生活着1000多种鱼类，这里拥有世界上最复杂的海洋生物环境，此处也

这座大梭鱼建筑位于美国威斯康星州的海沃德市，它是一个汇集了超过5万件与鱼有关物件的博物馆。该建筑建于1960年，一共有4层，四周被四分之一的天然池塘所环绕。巨大的鱼嘴是一个观景台，一次可容纳大约20人。在博物馆里有5000多种鱼饵、数百根钓鱼竿和200多种不同鱼类的标本。

是梭鱼的发源地。要在错综复杂的海底环境中生存下去，梭鱼往往组成鱼群作为防御的手段。

梭鱼捕猎时，出击迅猛，能一下将猎物斩首，不过它们只吃猎物身体上柔软的部分。由于梭鱼惯于在远海独自捕猎，因此科学家很难观测到其捕猎的完整过程。曾有研究人员尝试将这种生物捕获后圈养，但其结果总是以梭鱼死去而告终。

虽然有少数梭鱼袭击人类的事件发生，但通常情况下，梭鱼对人类是没有威胁的。不过，如果把它们摆上餐桌，可真要小心了，因为梭鱼会从它们的某些猎物身上继承其中的毒素引发疾病，不仅威胁人类健康，有时甚至是致命的。

[梭鱼群]

梭鱼由于其口部下巴阔大，拥有长如狼牙一样突出的尖牙，又被人称为海狼鱼。

深海鲨潜

六鳃鲨 ····

深海鲨潜，就是利用某些工具（或只用水肺），潜到有一定深度的海底，与鲨鱼共舞，这无疑是冒险者的游戏。

★ — ★

深海鲨潜，目前在全球有五大圣地，而能够与六鳃鲨共舞的地方只有洪都拉斯的开曼海沟。这种鲨鱼平均体长 6 米多。游客可以通过专业潜艇下到水底 600 米处，一窥六鳃鲨的真面目。

六鳃鲨是一种大型鲨鱼，它们有一项别的鲨鱼没有的特技，就是能短时间改变身体颜色。由于游泳速度不快，它们就利用这种技能和环境混淆起来，然后偷偷靠近游速快的猎物。

六鳃鲨会捕食鱿鱼等头足类动物、虾蟹等甲壳动物、各种鱼以及海洋哺乳动物，除非被故意激怒，否则通常对人无危险。它们可以潜至 1800 多米深的海底，夜晚则追逐那些到表层进食的洄游猎物来到海洋浅层，所以它也是典型的昼夜洄游的动物。六鳃鲨的生殖方式是卵胎生。由于它们多数时间都待在深海，人们对于这个种类的鲨鱼的习性知道得不多。科学家认为，对这些深海怪异生物的研究，有助于进一步理解人类神经细胞进化的过程。六鳃鲨通常被看作一种活化石，因为它和鲨鱼一样早在数亿年前就已经出现。研究人员对于六鳃鲨的夜视功能特别感兴趣，对其的研究有助于发现人类视觉的进化起源。

[六鳃鲨]

六鳃鲨是在澳大利亚珊瑚海 1400 米深的水下被发现的。2006 年"澳大利亚深海研究"项目团队利用远程遥控相机对澳大利亚深海物种进行研究和拍摄，发现了大量怪异的深海物种，六鳃鲨就是其中之一。

★ — ★

所在地： 洪都拉斯开曼海沟

特　点： 六鳃鲨是世界上最大最古老的一种鲨鱼，从两亿年前的侏罗纪时代起就没再发生什么改变

····

隐身术

海底的透明生物

由于缺少色素积淀，透明生物能够更好地避开捕食者的视线。透明生物是自然界中的稀有资源。

所在地：南极洲

特　点：无色就是最好
　　　　的保护色

在不同环境里生活的动物都有一套保护自己的本领，隐形就是它们的绝技之一。

桶眼鱼在1939年首次被人类发现，这种不平常的深海鱼类在浅水中活动时，其身体会受到损害，因而极难被人发现。其"眼睛"实际上是真正意义的"鼻孔"，头部翡翠绿结构的部分才是眼睛。这双眼睛不但能向前看，还能透过脑袋向上看，非常适应在漆黑的深海环境下生存；小比目鱼常凭借透明的身体避开天敌的捕食，但透明的身体无法伴随其一生，逐渐长大后，它将采用另一种伪装方式在含沙的海底处"伏卧"，逃脱追捕；樽海鞘是地球上最有效的"碳隔离"生物之一。它们不断地进食浮游植物以及"驱逐"人类排放到海底的富含碳的粪球，人类产生的二氧化碳中有三分之一被樽海鞘处理过。

同样，作为透明生物的一员，冰鱼是一种生活在南极洲的透明鱼类。冰层以下的水域曾经被人类认为是鱼的禁区，但冰鱼却主宰了南极海域，达到该区域物种量的35%，原因是这种鱼的体内有一种抗冻蛋白质，使它们不畏严寒。不过，最近几年海水温度上升，冰鱼可能面临灭绝危险。

[南极水下透明鱼]

[桶眼鱼]

冰海精灵

裸海蝶

美丽的裸海蝶生活在北极、南极等寒冷海域的冰层之下，通体透明，又被称作"海天使""冰之精灵""冰海精灵"。

在人们的印象里，天使是非常美丽的。令人觉得不可思议的是，在350米深的海下也生活着一群海洋天使——裸海蝶。

裸海蝶有个更为形象的名字：冰海天使，或许由于它通体透明，在水中游动时似在空中冉冉飘动，犹如浮在半空中的天使，因而得此美名。

由于生活在寒冷的海水中，它们透明的身体包含了头、腹、尾3个部分，身体中央有着红色的消化器官，看起来像一颗火热的红心。裸海蝶上半身带颜色的部分是它的消化和生殖器官，它身上类似翅膀的附着物是由脚进化而成的，大约每秒拍动两次。

裸海蝶是两性生物，这也就保证了它们能够在遇到同伴时，最大化地保证繁殖机会。在进行交配时，两只裸海蝶会结合在一起，互相在对方体内替卵子受精，卵会自由地漂浮在海中直到孵化。

如此神奇的生物被赋予了美好的喻义，据说它是传说中的幸运之神，热恋中的情侣们看到它那颗火热的红心，可以为自己带来浪漫的爱情、美满的婚姻。如果想要看到它美丽的身姿，无须走远，我国青岛海底世界就有该生物。

[裸海蝶]

所在地：北冰洋和南极海
特　点：通体透明，在水中游
　　　　动时似浮在半空中的
　　　　天使

让人胆战的生物

南极巨虫

有英国摄影队曾在南极厚厚的冰层下拍摄到大量五颜六色的海星和 3 米长的巨型虫。

所在地：南极

特　点：犹如科幻电影中走出的生物，
令人胆战心惊的进食方式，再
次提醒人类，该注意保护环境
了

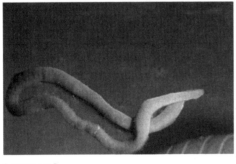

[南极巨虫]

除南极外，在加拉帕戈斯群岛海域也曾发现这种生物。1997 年科学家们搭乘潜水器到达 2500 米深的海底，在发出恶臭的化学物质的海底火山岩上发现了一种顶端红色、在海水中摇晃的奇异生物。它的身体藏在火山岩中，大约 4 米长，科学家们认为这是巨型的海洋蠕虫，是目前人类所见到的最大的蠕虫，且属于未知种类。

在南极麦克默多海峡冰冷的海水里，潜水员在为自然历史系列节目《生命（Life）》进行拍摄，他们通过在冰上凿出的一个小洞，把一台延时摄像机送到海床上。通过它看到了许多巨虫、海星和海胆正在疯狂蚕食一只死海豹。

南极巨虫又叫鞋带或者丝带虫，属于纽形动物门。有些巨虫属食腐动物，但是大部分都是非常贪婪的掠食动物，它们利用从口腔射出的长长的鼻状物捕食。根据种类不同，它们的鼻状物可能有毒，或者可以分泌黏性液体。在南极，这种海虫经常以蚌和甲壳动物为食。

在《生命》系列节目拍摄的这个海底场景中，大量无脊椎动物蜂拥聚集到一只沉入海底的死海豹身上，开始疯狂享用美餐。海豹尸体沉到海底的情况很少见，是难得一遇的美味大餐。纽形虫利用鼻状物在海豹的皮肤上钻洞，这样它们和树虱等其他海生等足目动物就能钻到海豹体内进食。

千奇百怪的美丽
深海水母

海底是一个神奇的世界，用创新设备和水下机器人拍摄到的深海水母简直美出天际。

水母以其透明独特的美艳外形闻名遐迩，尤其是深海水母，更是令人赞叹。

这些水母的直径为 1 厘米到 1 米，生活在挪威峡湾的深海地区，深海水母通常只出现在非常深的海域，只是偶尔出现在特定的峡湾。它们的外表千奇百怪，有些像撑开的降落伞，有些几乎就是透明的，似乎点亮了昏暗的深海世界。

所在地：挪威北部
特　点：绝美的深海水母

摄影师坦言，为它们拍照并不容易，因为一点小动静或一丝光线都有可能将水母吓跑，它们会潜逃到更深的海底。

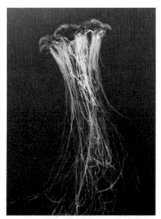

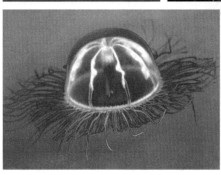

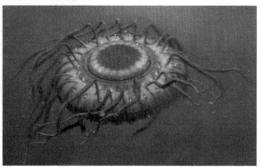

[深海水母]

深海细菌或可减缓全球变暖

吞食甲烷的细菌

微生物学家发现了一种以甲烷为食的深海细菌，这些小家伙或许可以为缓解全球变暖做出巨大的贡献。

所在地：挪威格陵兰岛海域

特　点：具有比陆地细菌更强适应能力的海底细菌，依靠食用甲烷气体，或已生存了40亿年之久

为了缓解全球变暖，人们现在的做法是"节能减排"，许多人以为"减排"就是减少二氧化碳的排放，其实"减排"主要是减少向大气中排放的碳量，包括甲烷和二氧化碳。目前，一些科学家对甲烷的关注程度甚至高于二氧化碳，因为甲烷是一种强势的温室气体，同体积的甲烷对气温升高的影响程度是二氧化碳的21倍。

为此，人们提倡素食，以减轻过多饲养动物而导致的甲烷排放量增加；提倡绿色出行，以降低机动车的排放量……虽然人类一直为此努力，但面对已经造成的气候变暖现象，似乎有些束手无策。

在陆地上可氧化甲烷的细菌主要生活在土壤中，但如今这种细菌的数量已大大减少了。研究人员曾做过这样的实验：将来自不同实验场的各种不同土壤样品放入烧瓶，烧瓶中甲烷的浓度与大气中的一样。经过12小时后，在含有森林荒地土壤样品的试管中，甲烷的含量几乎降低了90%，而含有耕地样品的烧瓶中甲烷的含量几乎没有变化。因为长期的

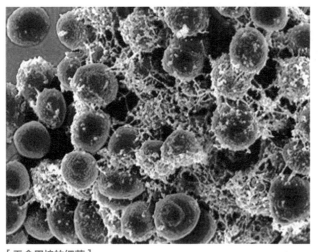

[吞食甲烷的细菌]

耕作，包括施肥、喷洒农药等化学过程改变了土壤的成分，使氧化甲烷细菌难以生存。

德国海洋微生物研究所的研究员在挪威格陵兰岛海域考察时，在海底的哈康莫斯比泥火山口发现了 3 种单细胞生物，其中有一种细菌被证明可在氧气的作用下分解甲烷。但是，火山所喷发出来的硫酸盐和氧气的上升流限制了嗜甲烷菌的生存环境。因此，最终微生物仅能够分解掉火山喷发出来的 40% 的甲烷。此前，微生物学家还在黑海的海底发现了这种吞食甲烷的细菌。他们发现的细菌与陆地上土壤中的氧化甲烷细菌不是同一品种，这种细菌对恶劣环境的适应能力更强。新发现的吞食甲烷的细菌是地球上最古老的生物，已经有 40 亿年的历史。在地球上几十亿年的各种灾害的打击之下，海底泥火山口的吞食甲烷的细菌依然能不断地繁衍生息。

地球表面排放的甲烷气体还只是一小部分，许多甲烷目前还冻结在两极地带的冰层以下，但是随着全球变暖问题的加剧，冰层会不断融化，它们很有可能被释放出来，成为破坏环境的"定时炸弹"，使污染问题变得更为严重，甚至导致严重的气候灾害。

因此，人们希望这些深海细菌在灾害到来之前可以"吃掉"那些储存在地球表面以下的甲烷气体。科学家希望大规模培育这种深海细菌，然后把它们投放到世界各地，为缓解全球变暖做出贡献。

[缓解全球变暖公益海报]

[缓解全球变暖公益海报]